KB090372

한국산업인력공단 국가기술자격검정 수험서

Craftsman Cook, Western Food & Italian Food

NCS 양식조리기능사 & 이태리요리전문가

교육부 소관 비영리공익법인
(사) 한국식음료외식조리교육협회

백산출판사

한국음식의 세계화라는 시대적 흐름 속에서 외식산업의 발전을 위한 외식산업의 유능한 조리인력 양성의 필요성이 그 어느 때보다 절실해지고 있습니다. 훌륭한 조리기능인의 양성이 시대적인 과제이며, 그러한 책임을 지고 있는 최일선의 교육현장에서 조리기능사 자격증을 지도하는 교수법의 중요성 또한 강조되고 있습니다. 일선의 교육현장에서는 각기 다른 방식으로 강의를 하여 조리기능사자격증 취득을 준비하는 수험생들에게 혼란을 일으키는 경우가 있어 왔으며, 또한 실기 검정장에서도 심사위원들이 수험생의 기능채점에도 어려움을 갖게 하는 경우도 있었습니다. 그러므로 조리기능사 국가기술자격증 교수법의 검증된 표준화가 그 어느 때보다 절실하다 할 수 있습니다. 이에 '(사)한국식음료외식조리교육협회'에서는 교육현장의 생생한 강의 노하우를 바탕으로 수험생을 위한 조리사자격증 취득 중심의 수험서적을 발간하게 되었습니다.

대한민국의 요리학원을 대표하는 협회라는 자부심과 책임감을 가지고 본 교재를 출판하게 되었으며, 본 협회는 전국 요리교육의 기관장으로 구성된 단체이며, 요리교재 개발연구, 민간전문자격시험 개발연구, 요리교육기관장의 권익대변, 국가기술자격검증 자문, 요리교육정책 자문 등의 다양한 활동을 하고 있습니다. 회원들 대부분이 강의경력 15년 이상으로 조리전문

자격기능 보유자이며, 전국의 각 지역에서 그 지역을 대표하는 훈련기관입니다. 수강생들의 자격증 취득을 위해서 요리교육 최일선에서 요리수강생들의 애로사항을 그 누구보다도 잘 알고 있는 원장님들의 풍부한 강의경험이 집결된 완성본입니다. 출제예상 실기과제에서 어떤 부분을 가장 많이 실수하고, 또한 어떤 부분을 중심으로 해야 자격시험에서 높은 점수를 받을 수 있는지에 대한 자료가 본 교재에 수록되어 있습니다.

본 교재는 1부에서 양식조리기능사 국가기술자격증 취득 중심으로 33가지 실기예상문제를 세세한 설명과 함께 사진을 수록하였으며, 2부에서는 호텔식 서양요리 13가지, 3부에서는 이태리요리 실기시험문제 21가지를 수록하였습니다. 특히, 양식조리기능사 실기교재의 경우 전국의 각기 다른 교수방법을 하나의 통일된 방법으로 강의법을 정리했다는 데 의의가 있습니다.

조리기능사 실기시험 심사위원과 조리기능사 수험생을 일선에서 지도하는 전국의 요리학원장 및 강사들의 의견을 취합하여 한국산업인력공단의 출제기준을 중심으로 제작한 교재이므로 객관성과 전문성에서 타 교재와 차별화된 특징을 가지고 있습니다.

본 (사)한국식음료외식조리교육협회는 앞으로 지속적인 수험교재 개발 및 전문서적 개발에 더욱 힘쓸 계획입니다. 한식조리기능사, 양식조리기능사, 조리기능사 학과교재 및 문제집, 일식 · 중식 · 복어조리기능사 등의 조리기능사 수험서적뿐만 아니라 조리산업기사, 조리기능장의 후속 교재도 곧 출판할 예정입니다. 본 수험서적은 최신의 검정자격기준을 중심으로 하여 출판한 점을 먼저 말씀드리고 싶습니다. 국가기술자격증 기술서적은 한국산업인력공단의 출제기준 및 채점기준, 지급목록 등에 있어서 변경사항 발생 시 그때그때 수시로 업데이트가 되어야 합니다.

본 협회에서 발행하는 수험서적은 조리기능사 출제기준의 변경사항을 최우선으로 고려하여 교재를 집필하고 있습니다. 혹여 많은 시간과 최선을 다하여 집필한 본 수험서적에 내용상의 일부 부족한 점이 있으리라 생각됩니다. 앞으로 독자 여러분의 충고와 조언에 귀를 기울일 것이며, 언제든 (사)한국식음료외식조리교육협회로 문의해 주시기 바랍니다.

전국의 (사)한국식음료외식조리교육협회 회원 및 협회 산하 교재편찬위원회의 격려와 노고에 깊은 감사를 전하고 싶습니다. 또한 이 책이 나오기까지 아낌없는 성의와 물심양면으로 도움을 주신 백산출판사 진욱상 사장님을 비롯하여 관계자 여러분께 깊은 감사를 드립니다.

마지막으로 이 수험서적으로 조리사자격증을 취득하시려는 모든 분들께 합격의 영광이 함께하길 기원드립니다.

(사)한국식음료외식조리교육협회 회장 홍명희

양식조리기능사 &
이태리요리 전문가

양식조리기능사 & 이태리요리전문가

Contents

제2부 양식조리 실무

호텔식 서양요리

이태리요리

(사)한국식음료외식조리교육협회 교재 편집위원 명단

지역	훈련기관명	훈련기관장	학원 전화	홈페이지
서울	금란호텔요리제과제빵학원(중랑구)	박성준	02-439-1121	http://www.krcooking.co.kr
	동아요리기술학원(영등포)	김희순	02-2678-5547	http://www.dongacook.net
	배윤자 요리연구소 서울연희직업전문학교(강동구)	배윤자	02-488-7390	http://www.yjcook.co.kr
	윤옥희요리학원(도봉구)	윤종희	02-996-1425	http://www.okyooncook.com
	한빛요리직업전문학교(노량진)	오나라	02-815-0333	http://www.hanbitcook.co.kr
인천	다인요리학원	이은미	032-875-5266	
	부평외식조리전문교육학원	안인자	032-526-5000	http://www.bupyeongcook.co.kr
	상록호텔조리전문학교	윤금순	032-544-9600	http://www.sncook.co.kr
	아시아전문요리학원	강정림	032-762-5959	http:/www./asiacook.co.kr
	연수요리제과제빵학원	강주연	032-818-1000	http://yscooking.co.kr
	인천국제요리칵텔학원	양윤순	032-428-8447	http://www.kukjecook.co.kr
	인천제일요리학원	유재경	032-425-8922	http://town.cyworld.com/ijeilcook
강원	김희진요리제과제빵커피전문학원(춘천)	김희진	033-252-8607	www.김희진요리제과제빵커피전문학원.kr
	삼척요리제과제빵직업전문학교	조순옥	033-574-8864	http://www.sccook.co.kr
	윤원정요리학원(원주)	윤원정	033-761-5272	miss1015@paran.com
경기	경기제과커피직업전문학교(수원)	박은경	031-278-0146	http://www.gcb.or.kr
	김미연요리학원(남양주)	김미연	031-595-0560	http://www.kimcook.kr
	동경요리학원(이천)	최종선	031-638-1223	http://2000cook.co.kr
	부천조리제과제빵학원	김명숙	032-611-1100	http://www.bucheoncook.com
	분당제과조리학원	유경희	031-716-9520	http://www.cookncookie.co.kr
	수원외식관광직업전문학교	김순희	031-238-3939	http://www.cookiecook.co.kr
	안산중앙요리제과제빵학원	육광심	031-410-0888	http://www.jacook.net
	안양중앙조리칵테일학원	허정자	031-466-4600	
	엔와이투커피교육학원(안산)	이유송	031-411-8401	
	용인요리제과제빵학원	김복순	031-338-5266	http://café.daum.net/cooking-academy
	월드호텔요리제과제빵학원(수원)	이영호	031-216-7247	http://www.whcb.co.kr
	은진요리학원(수원)	이민진	031-292-9340	http://www.ejcook.co.kr
	이봉춘요리제과제빵학원(일산)	이봉춘	031-916-5665	http://www.leecook.co.kr
	이천직업전문학교	김미섭	031-635-7225	http://www.icheoncook.coom
	전통요리학원(수원)	홍명희	031-258-2141	http://www.jtcook.co.kr
	한선생직업전문학교(수원)	나순흠	031-255-8586	http://www.han5200.or.kr
	한양요리학원(수원)	박혜영	031-242-2550	http://www.hcook.co.kr
	한주요리제과커피직업전문학교(부천)	정임	032-322-5250	http://www.hanjoocook.co.kr

지역	훈련기관명	훈련기관장	학원 전화	홈페이지
영남	거창요리제과제빵학원	정현숙	055-945-2882	
	경주스페셜티커피학원	신형섭	054-776-4948	http://cafe.naver.com/cafeaaa2002
	김천요리제과직업전문학교	이희해	054-432-5294	http://www.kimchencook.co.kr
	김해조리제과직업전문학교	이정옥	055-331-7770	http://www.khcook.co.kr
	뉴영남요리직업전문학교(마산)	박경숙	055-747-5000	http://www.nyncook.com
	대구동아요리학원	박추자	053-427-9092	cipark@hanmail.net
	리나요리학원(김천)	최미희	054-435-7751	http://café.naver.com/rinahappycook
	마산으뜸요리전문학원	곽순자	055-248-4838	http://www.cookery21.co.kr
	명성요리제과제빵직업전문학교(양산)	최영민	055-372-4060	http://www.mscook.kr
	상주요리제과제빵학원	안선희	054-536-1142	http://blog.naver.com/ashk0430
	신라요리직업전문학교(대구)	배승근	053-422-5706	http://www.sillacook.co.kr
	영지요리아카데미학원(김해)	김경린	055-321-0447	http://ygcook.com
	요리나라조리학원(부산)	서순애	051-897-5800	http://국비지원요리학원.한국
	울산요리학원	박성남	052-261-6007	http://www.ulsanyori.com
	일신요리전문학원(진주)	정계임	055-745-1085	http://www.il-sin.co.kr
	전윤숙조리직업전문학교(진주)	전윤숙	055-759-8133	http://www.jyscook.com
	진주스페셜티커피학원	한선중	055-745-0880	http://cafe.naver.com/jsca
	춘경직업전문학교(부산)	이선임	051-207-5513	http://www.5252000.co.kr
	통영조리직업전문학교	황영숙	055-646-4379	http://www.tycook.com
충청	세계쿠킹베이커리학원(청주)	임상희	043-223-2230	http://www.sgcookingshcool.net
	엔쿡당진요리학원	진민경	041-355-3696	http://www.cyworld.com/041-355-3696
	엔쿡천안요리직업전문학교	박문수	041-522-5279	http://www.yoriacademy.com
	충북요리직업전문학교(청주)	윤미자	043-273-6500	http://mjcook.kr
	한정은요리학원(태안)	한귀례	041-673-3232	http://café.naver.com/hanbacksa
	홍명요리학원(대전)	강병호	042-226-5252	http://www.cooku.com
호남·제주	궁전요리제과제빵미용커피학원(전주)	김정여	063-232-0098	http://café.naver.com/jkungkeon
	김지순요리제과전문학원(제주)	조수경	064-744-3535	http://www.jejucook.co.kr
	생활요리학원(광주)	허정희	062-529-5253	http://www.kshcook.co.kr
	세종요리전문학원(전주)	조영숙	063-272-6785	http://cafe.daum.net/sejongyori/
	이영자요리제과제빵학원(익산)	배순오	063-851-9200	http://www.leecooking.co.kr
	익산혜성요리학원	박소영	063-841-7137	

사진촬영에 도움 주신 분 : 정희원 사진작가 : 010-5313-3063

NCS
학습모듈의 이해

• NCS 학습모듈이란?
• NCS 학습모듈의 구성

NCS 학습모듈의 이해

1. NCS 학습모듈이란?

NCS 학습모듈은 NCS 능력단위를 교육 및 직업훈련 시 활용할 수 있도록 구성한 교수 · 학습 자료이다. 즉, NCS 학습모듈은 학습자의 직무능력 제고를 위해 요구되는 학습 요소(학습 내용)를 NCS에서 규정한 업무 프로세스나 세부 지식, 기술을 토대로 재구성한 것이다.

NCS 학습모듈

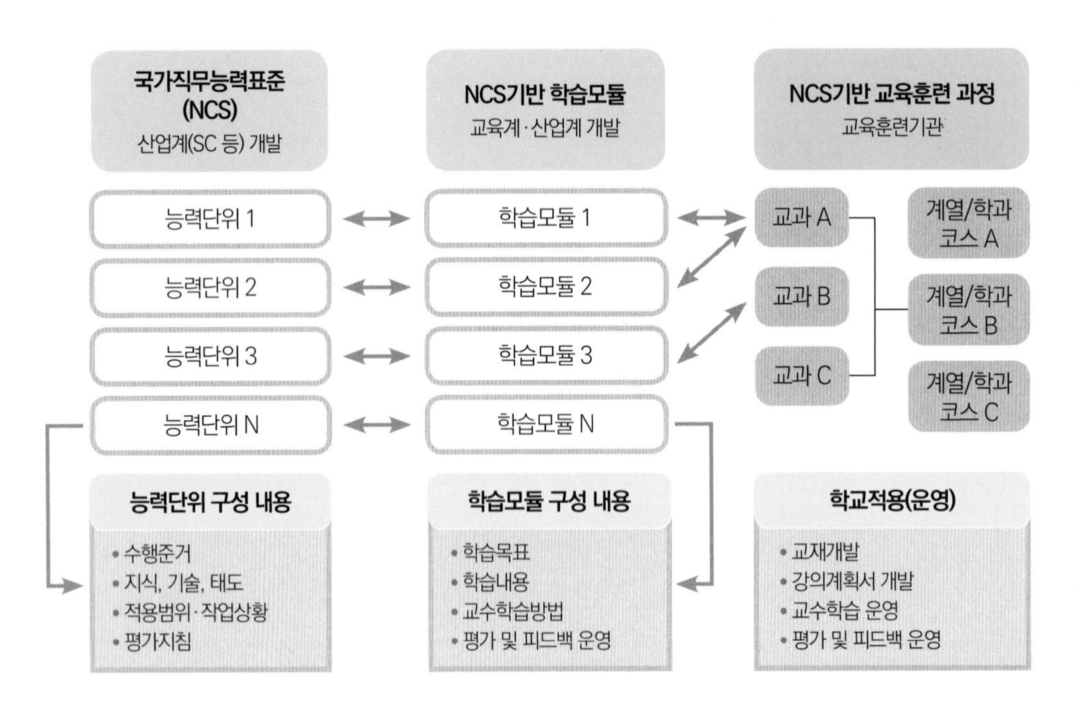

NCS 학습모듈은 NCS 능력단위를 활용하여 개발한 교수 · 학습 자료로 고교, 전문대학, 대학, 훈련기관, 기업체 등에서 NCS기반 교육과정을 용이하게 구성 · 운영할 수 있도록 지원하는 역할을 수행한다.

NCS와 NCS 학습모듈의 연결체제

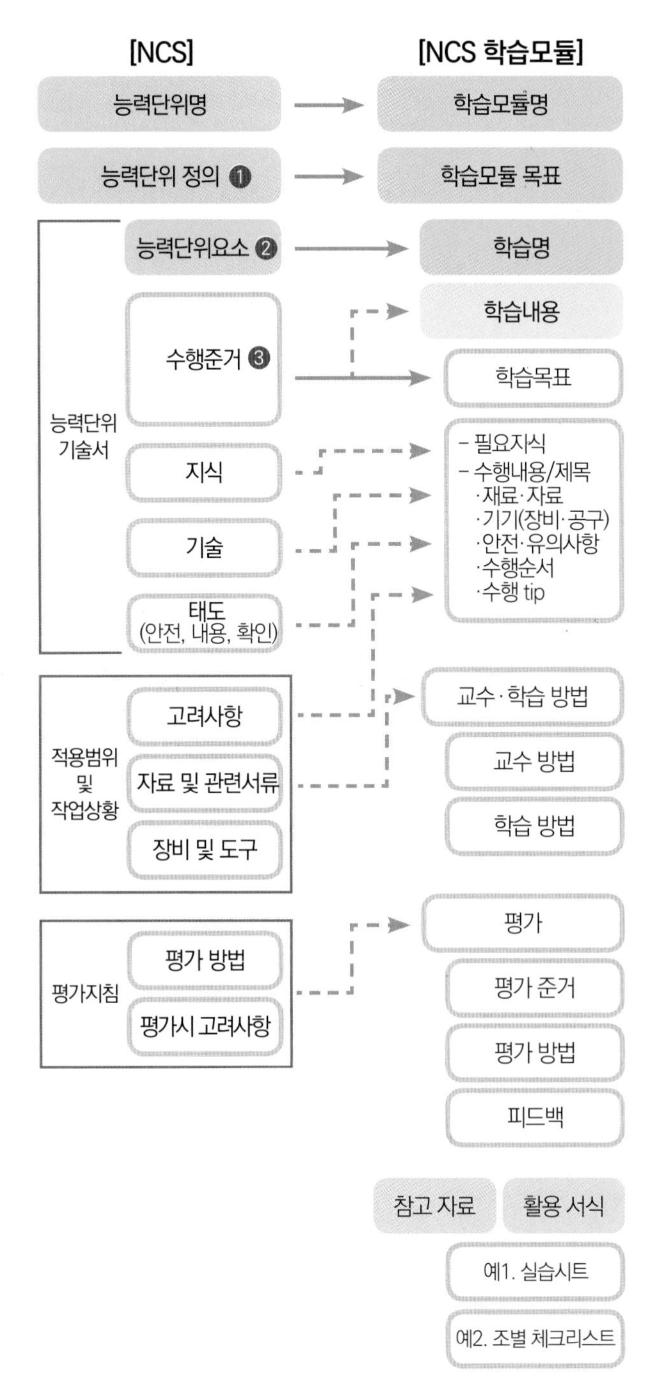

① 능력단위란

특정 직무에서 업무를 성공적으로 수행하기 위하여 요구되는 능력을 교육훈련 및 평가가 가능한 기능 단위로 개발한 것입니다.

② 능력단위요소란

해당 능력단위를 구성하는 중요한 범위 안에서 수행하는 기능을 도출한 것입니다.

③ 수행준거란

각 능력단위요소별로 능력의 성취여부를 판단하기 위해 개인들이 도달해야 하는 수행의 기준을 제시한 것입니다.

2. NCS 학습모듈의 구성

★ NCS 학습모듈의 위치

- NCS 학습모듈은 NCS 능력단위 1개당 1개의 학습모듈 개발을 원칙으로 합니다. 그러나 필요에 따라 고용 단위 및 교과단위를 고려하여 능력단위 몇개를 묶어서 1개의 학습모듈로 개발할 수 있으며, 또 NCS 능력단위 1개를 여러 개의 학습모듈로 나누어 개발할 수도 있습니다.
- NCS 학습모듈의 위치는 NCS 분류에서 해당 학습모듈이 어디에 위치하는지를 한눈에 볼 수 있도록 그림으로 제시한 것입니다.

디자인 분야 중 시각디자인 세분류(예시)

대분류	문화· 예술· 디자인· 방송					
	중분류	디자인				
		소분류	디자인			
			세분류	시각디자인	능력단위	학습모듈명
				제품디자인	시각디자인 프로젝트 기획	시각디자인 프로젝트 기획
				환경디자인	시각디자인 리서치	시각디자인 리서치
				디지털디자인	시각디자인 전략 수립	시각디자인 전략 수립
					비주얼 아이데이션	비주얼 아이데이션
					시안 디자인 개발	시안 디자인 개발
					프레젠테이션	프레젠테이션
					최종 디자인 개발	최종 디자인 개발
					디자인 제작 관리	시각디자인 제작 및 자료화
					디자인 자료화	

★ NCS 학습모듈의 개요

학습모듈 목표	해당 NCS 능력단위의 정의를 토대로 학습목표를 작성한 것입니다.
선수학습	해당 학습모듈의 목표를 달성하기 위해 선수되어야 할 학습내용, 관련 교과목 등을 기술한 것입니다.
교육훈련 대상 및 이수시간(예시)	교육훈련 대상은 학습모듈의 목표를 고려하여 학습내용 및 NCS 수준에 적합한 교육훈련 대상을 학교급 별로 예시한 것입니다. 이수시간은 해당 학습모듈을 이수하는데 필요한 총 교육훈련 시간을 예시한 것입니다.
핵심용어	해당 학습모듈 내용의 지식 또는 기술 등 핵심적 용어 등을 제시한 것입니다.

시각디자인 프로젝트 기획 학습모듈의 개요

학습모듈의 목표 ①

프로젝트의 디자인 컨셉에 대한 효과적인 생각들을 시각적으로 표현하고 계획할 수 있다.

선수 학습 ②

상식일반

교육훈련 대상 및 이수시간(예시)

학습	학습내용	교육훈련 대상 및 이수시간(hour)		
		고등학교	전문대학	대학교
1. 프로젝트 파악하기	1-1. 시각디자인 업무의 종류와 이해 1-2. 회의와 브리핑	8	10	
2. 프로젝트 제안하기	2-1. 세부 계획과 설계 2-2. 프로젝트 개발일정 수립 2-3. 사실의 정리와 요령	6	8	
3. 프로젝트 계약하기	3-1. 계약 내용의 구성과 작성 3-2. 계약의 확인과 교환	3	6	

※ 교육훈련 대상 및 이수 시간은 NCS 능력단위 요소별 수준에 근거하여, 교육훈련 및 산업체 현장 전문가의 의견을 수렴하여 참고로 제시함.

핵심 용어 ③

의뢰인, 기획, 추진배경, 목적, 내용, 요구사항, 정보수집, 프로세스, 커뮤니케이션, 보고서, 일정, 예산, 인력, 리더쉽, 제안, 권리, 책임, 계약

① 학습모듈의 목표는

학습자가 해당 학습모듈을 통해 성취해야 할 목표를 제시한 것으로 교수자는 학습자가 학습모듈의 전체적인 내용흐름을 파악할 수 있도록 지도함이 필요합니다.

② 선수학습은

교수자나 학습자가 해당 모듈을 교수 또는 학습하기 이전에 이수해야 할 학습내용, 교과목, 핵심단어 등을 표기한 것입니다. 따라서 교수자는 학습자가 개별학습, 자기주도학습, 방과후활동 등 다양한 방법을 통해 이수할 수 있도록 지도함이 필요합니다.

③ 핵심용어는

학습모듈을 통해 학습되고 평가되어야 할 주요용어입니다. 또한 당해 모듈 또는 타 모듈에서도 핵심사이트(www.ncs.go.kr)에서 색인(찾아보기) 중 하나로 이용할 수 있습니다.

★ NCS 학습모듈의 내용체계

학습	해당 NCS 능력단위요소 명칭을 사용하여 제시한 것입니다. 학습은 크게 학습내용, 교수·학습방법, 평가로 구성되며 해당 NCS 능력단위의 능력단위 요소별 지식, 기술, 태도 등을 토대로 학습내용을 제시한 것입니다.
학습내용	학습내용은 학습목표, 필요지식, 수행내용으로 구성하였으며, 수행내용은 재료·자료, 기기(장비·공구), 안전·유의사항, 수행순서, 수행 tip으로 구성한 것입니다. 학습모듈의 학습내용은 업무의 표준화된 프로세스에 기반을 두고 학습내용을 구성하였으며, 실제 산업현장에서 이루어지는 업무활동을 다양한 방식으로 학습내용에 반영한 것입니다.
교수·학습 방법	학습목표를 성취하기 위한 교수자와 학습자 간, 학습자 간의 상호작용이 활발하게 일어날 수 있도록 교수자의 활동 및 교수 전략, 학습자의 활동을 제시한 것입니다.
평가	평가는 해당 학습모듈의 학습정도를 확인할 수 있는 평가준거, 평가방법, 평가결과의 피드백 방법을 제시한 것입니다.

학습 1 **프로젝트 파악하기(08210101_13v1.1)** ①

학습 2 프로젝트 제안하기(08210101_13v1.2)

학습 3 프로젝트 계약하기(08210101_13v1.3)

1-1.시각디자인 업무의 종류와 이해 ②

학습목표 • 의뢰된 프로젝트에 대한 리뷰를 바탕으로 프로젝트를 이해할 수 있다. ③
• 제안요청서에 따라 프로젝트의 취지, 목적, 성격, 내용, 요구사항을 파악할 수 있다.

필요 지식 / ④

1. 프로젝트의 의뢰와 유형

클라이언트(이하 의뢰인/자)가 의뢰한 시각디자인 프로젝트를 파악하기 위해서는 업무의 유형을 구분할 수 있는 능력이 필요하다. 따라서 의뢰자가 설명하는 프로젝트 리뷰를 경청하고 관찰하여 프로젝트

수행 내용 / 시각 디자인 업무유형 파악 ⑤

재료· 자료 ⑥

- 관련 형식의 시각디자인 자료
- A4용지, 필기도구, 포스트잇, 칼, 자, 테이프 등

기기(장비 • 공구) ⑦

- 컴퓨터, 프린터, 스캐너, 카메라, 복사기, 녹음기, 빔 프로젝터, 스크린 등
- 소프트웨어 : 문서작성, 프레젠테이션, 그래픽 소프트웨어 등

재료· 자료 ⑥

- 관련 형식의 시각디자인 자료
- A4용지, 필기도구, 포스트잇, 칼, 자, 테이프 등

기기(장비 • 공구) ⑦

- 컴퓨터, 프린터, 스캐너, 카메라, 복사기, 녹음기, 빔 프로젝터, 스크린 등
- 소프트웨어 : 문서작성, 프레젠테이션, 그래픽 소프트웨어 등

안전 • 유의사항 ⑧

- 조사된 자료의 출처를 확인하도록 한다.
- 팀별 구성으로 인한 분위기를 소란하지 않게 유도한다.
- 사용하는 전자기기와 전기안전 적합성을 확인한다 .

수행 순서 ⑨

[1] 시각디자인의 유형을 조사하고 분류한다.

1. 5명 정도의 인원으로 팀 단위를 구성한다.

(그림 1-21)디자인업무조사의 팀단위 구성 예시

2. 필요지식을 기준으로 시각디자인 업무유형중 그룹별 하나씩 선택한다 .

① 학습은
해당 NCS 능력단위요소 명칭을 사용하여 제시하였습니다. 학습은 일반 교과의 '대단원'에 해당되며, 모듈을 구성하는 가장 큰 단위가 됩니다. 또한 완성된 직무를 수행하기 위한 가장 기본적인 단위로 사용할 수 있습니다.

② 학습내용은
요소별 수행준거를 기준으로 제시하였습니다. 일반 교과의 '중단원'에 해당됩니다.

③ 학습목표는
모듈 내의 학습내용을 이수했을 때 학습자가 보여줄 수 있는 행동 수준을 의미합니다. 따라서 일반 수업 시간의 과목 목표로 활용할 수 있습니다.

④ 필요 지식은
해당 NCS의 지식을 토대로 해당 학습에 대한 이해와 성과를 높이기 위해 알아야 할 주요 지식을 제시하였습니다. 필요 지식은 수행에 꼭 필요한 핵심 내용을 위주로 제시하여 교수자의 역할이 매우 중요하며, 이후 수행순서 내용과 연계하여 교수·학습으로 진행 할 수 있습니다.

⑤ 수행 내용은
모듈에 제시한 것 중 기술(Skill)을 습득하기 위한 실습 과제로 활동할 수 있습니다.

⑥ 재료 · 자료는
수행 내용을 수행하는 데 필요한 재료 및 준비물로 실습 시 필요준비물로 활용할 수 있습니다.

⑦ 기기(장비 · 공구)는
수행 내용을 수행하는 데 필요한 기본적인 장비 및 도구를 제시하였습니다. 제시된 기기 외에도 수행에 필요한 다양한 도구나 장비를 활용할 수 있습니다.

⑧ 안전 · 유의사항은
수행 내용을 수행하는 데 안전상 주의하여야 할 점 및 유의사항을 제시하였습니다. 수행 시 꼭 유념하여 주시고 NCS의 고려사항도 추가적으로 활용할 수 있습니다.

⑨ 수행 순서는
실습과제의 진행순서로 활용할 수 있습니다.

수행 tip ⑩

- 발행된 신문을 주변에서 미리 수집하여 자료로 준비한다.
- 국내 신문판형 종류를 확인하고 크기를 관찰한다.

학습1 교수·학습 방법 ⑪

교수 방법 ⑫

- 교수자의 설명으로 시각디자인의 표현 매체별 유형을 활용자료, 사진데이터 등의 내용을 화면 자료와 함께 설명한다.
- 사전에 개인별 학습 자료를 과제로 준비하여 모든 학습자들이 그룹별로 참여할 수 있는 문제해결식 수업 수업이 가능하도록 한다.

학습 방법 ⑬

- 팀별 클라이언트와 디자이너 관계를 설정한다.
- 역할을 설정하여 시각디자인 내용을 학습한다.

학습1 평 가 ⑭

평가 준거 ⑮

- 평가자는 다음 사항을 평가해야 한다

학습내용	평가항목	성취수준		
		상	중	하
1. 시장환경분석	- 시각디자인 프로젝트의 유형 분석			
	- 시각디자인 프로젝트의 분류 정도			
1. 시장환경분석	- 업무 용어의 이해			
	- 업무 용어의 사용과 적극성			

평가 방법 ⑯

- 문제해결 시나리오

작업내용	평가항목	성취수준		
		상	중	하
시각디자인 업무의 종류와 이해	- 시각 디자인 관련 이미지자료 수집			
	- 시각디자인의 유형별 분류			
	- 유형별 특징 찾아 분류하기			

피 드 백 ⑰

1. 문제해결 시나리오
- 문제해결 진행 과정 중 필요시마다 피드백을 제공하여 문제해결을 용이하게 한다.

⑩ 수행 tip은
수행 내용에 수행의 수월성을 높일 수 있는 아이디어를 제시하였습니다. 따라서 수행 tip은 지도상의 안전 및 유의사항 외에 전반적으로 적용되는 주안점 및 수행과제 목적에 대한 보충설명, 추가사항 등으로 활용할 수 있습니다.

⑪ 교수 · 학습 방법은
학습목표를 성취하는 데 필요한 교수 방법과 학습 방법을 제시하였습니다.

⑫ 교수 방법은
해당 학습활동에 필요한 학습내용, 학습내용과 관련된 학습 자료명, 자료 형태, 수행 내용의 진행 방식 등에 대하여 제시하였습니다. 또한 학습자의 수업참여도를 제고하기 위한 방법 및 수업진행상 유의사항 등도 제시하였습니다. 선수학습이 필요한 학습을 학습자가 숙지하였는지 교수자가 확인하는 과정으로 활용할 수도 있습니다.

⑬ 학습 방법은
교수자의 교수 방법에 대응하는 자기주도적 학습 방법을 제시하였습니다. 또한 학습자가 숙달해야 할 실기능력과 학습 과정에서 주의해야 할 사항 등으로 제시하였습니다. 학습자가 학습을 이수하기 전에 숙지해야 할 기본 지식을 학습하였는지 스스로 확인하는 과정으로 활용할 수 있습니다.

⑭ 평가는
해당 NCS 능력단위의 평가방법과 평가 시 고려사항을 준용하여 작성하였습니다. 교수자 및 학습자가 평가항목별 성취수준을 확인하는데 활용할 수 있습니다.

⑮ 평가 준거는
학습자가 해당 학습을 어느 정도 성취하였는지를 평가하기 위한 기준을 제시하고 있습니다. 학습목표와 연계하여 단위수업 시간에 평가항목별 성취수준을 평가하는데 활용할 수 있습니다.

⑯ 평가 방법은
NCS 능력단위의 평가방법을 준용하였으며, 평가준거에 따른 평가방법을 3개 내외로 제시하였습니다. 평가방법으로는 서술형/논술형 검사, 체크리스트를 통한 관찰, 작업장 평가, 구술 시험, 토론법 등이 있으며, NCS의 능력단위 요소별 수행 수준을 평가하는데 가장 적절한 방법을 선정하여 활용할 수 있습니다.

⑰ 피드백은
평가 후에 학습자들에게 평가 결과를 피드백하여 부족한 부분을 알려주고, 학습결과가 미진한 경우, 해당 부분을 다시 학습하여 학습목표를 달성하는 데 활용할 수 있습니다.

양식조리기능사 시험 준비

1. 원서접수 및 시행

접수방법: 인터넷 접수만 가능

원서접수 홈페이지: www.t.q-net.or.kr

접수시간: 접수시간은 회별 원서접수 첫날 09:00부터 마지막날 18:00까지

합격자 발표:

CBT 필기시험	실기시험
수험자 답안 제출과 동시에 합격여부 확인	해당 회차 실기시험 종료 후 다음주 목요일 09:00 합격자 발표

2. 시험과목

필기: 식품위생 및 법규, 식품학, 조리이론과 원가계산, 공중보건학(한식, 일식, 중식, 복어 공통)

실기: 쉬림프카나페 외 32품목(2018년 기준)

3. 검정방법

필기: 객관식 4지 택일형, 60문항(60분)

실기: 작업형(임의의 2개 메뉴를 시험시간 내에 조리하는 작업)

4. 합격 기준

100점 만점에 60점 이상

5. 응시자격

응시자격 제한 없음

6. 필기시험 면제

해당 종목 필기시험 유효기간 2년

조리기능사 자격 취득 후 동종분야 유효기간 2년

예) 양식조리기능사 취득 시 한식 · 중식 · 일식 · 복어조리기능사 필기면제 유효기간 양식 취득일로부터 2년.

양식조리기능사 2018.07.02 취득

한식 · 중식 · 일식 · 복어조리기능사 필기면제 유효기간 2020.07.01까지

7. 필기시험수검자 지참물(CBT시험)

수험표(www.t.q-net.or.kr에서 출력), 신분증

8. 실기시험수검자 지참물

신분증 및 아래의 조리도구

번호	재료명	규격	단위	수량	비고
1	강판	조리용	EA	1	
2	거품기(whipper)	중	EA	1	자동 및 반자동 제외
3	계량스푼	사이즈별	SET	1	
4	계량컵	200㎖	EA	1	
5	고무주걱	소	EA	1	
6	나무젓가락	40~50㎝ 정도	SET	1	
7	나무주걱	소	EA	1	
8	냄비	조리용	EA	1	
9	다시백	10×12cm 정도	EA	1	
10	도마	흰색 또는 나무도마	EA	1	
11	랩, 호일	조리용	EA	1	
12	볼(bowl)	크기 제한 없음	EA	1	
13	소창 또는 면보	30×30cm 정도	장	1	
14	쇠조리(혹은 체)	조리용	EA	1	
15	앞치마	백색(남 · 여공용)	EA	1	
16	연어나이프		EA	1	필요 시 지참 일반조리용 칼로 대체 가능
17	위생모 또는 머리수건	백색	EA	1	
18	위생복	상의–백색 하의–긴바지(색상무관)	벌	1	위생복장을 제대로 갖추지 않을 경우는 감점처리됩니다.

번호	재료명	규격	단위	수량	비고
19	위생타월	면	매	1	
20	이쑤시개	–	EA	1	
21	종이컵	–	EA	1	
22	채칼(box grater)	중	EA	1	시저샐러드용으로만 사용
23	칼	조리용 칼, 칼집 포함	EA	1	눈금표시칼 사용불가
24	키친타월(종이)	주방용(소 18×20cm)	장	1	
25	테이블스푼	–	EA	2	숟가락으로 대체 가능
26	프라이팬	소형	EA	1	

※ 지참준비물의 수량은 최소 필요수량으로 수험자가 필요 시 추가지참 가능합니다.
※ 길이를 측정할 수 있는 눈금표시가 있는 조리기구는 사용불가합니다.

9. 실기시험 채점기준

<table>
<tr><th colspan="4">조리기능사 채점기준</th></tr>
<tr><th>주요항목</th><th>세부항목</th><th>배점</th><th>순번</th></tr>
<tr><td rowspan="2">위생상태</td><td>개인위생</td><td>0~3</td><td rowspan="2">공통배점</td></tr>
<tr><td>조리위생</td><td>0~4</td></tr>
<tr><td rowspan="2">조리기술</td><td>재료손질</td><td>0~3</td><td rowspan="5">과제별배점</td></tr>
<tr><td>조리조작</td><td>0~27</td></tr>
<tr><td rowspan="3">작품평가</td><td>작품의 맛</td><td>0~6</td></tr>
<tr><td>작품의 색</td><td>0~5</td></tr>
<tr><td>그릇 담기</td><td>0~4</td></tr>
<tr><td>마무리</td><td>정리, 정돈</td><td>0~3</td><td>공통배점</td></tr>
</table>

과제별 배점의 합이 각각 45점, 공통 배점의 합이 10점
따라서 2가지 과제를 만들었을 때 100점(45점×2+10점)이고 60점 이상 합격

조리산업기사 채점기준			
주요항목	세부항목	배점	비고
위생 및 작업관리	복장 및 개인위생	0~3	
	조리과정 위생	0~4	
	정리 정돈 청소	0~3	
조리작업, 숙련	재료손질	0~7	
	재료분배	0~7	
	전처리작업	0~6	
	썰기작업	0~10	
	양념하기	0~5	
	가열하기	0~10	
	기구사용	0~5	
	조리순서	0~10	
	조리방법	0~10	
작품평가	완성도	0~12	
	그릇 담기	0~8	

모든 과제(5가지 과제)를 통합하여 채점(조리작업의 숙련도를 중심으로)
각 감독별로 100점 만점 채점 × 2인 = 200점 만점(평균 60점 이상 합격)

10. 수검자 유의사항

1) 만드는 순서에 유의하며, 위생과 숙련된 기능평가를 위하여 조리작업 시 맛을 보지 않습니다.
2) 지정된 수험자지참준비물 이외의 조리기구나 재료를 시험장 내에 지참할 수 없습니다.
3) 지급재료는 시험 전 확인하여 이상이 있을 경우 시험위원으로부터 조치를 받고 시험 중에는 재료의 교환 및 추가지급은 하지 않습니다.
4) 요구사항의 규격은 "정도"의 의미를 포함하며, 지급된 재료의 크기에 따라 가감하여 채점합니다.
5) 위생상태 및 안전관리 사항을 준수합니다.
6) 다음 사항에 대해서는 채점대상에서 제외하니 특히 유의하시기 바랍니다.
   가) 기권 – 수험자 본인이 시험 도중 시험에 대한 포기 의사를 표현하는 경우
   나) 실격 – (1) 가스레인지 화구 2개 이상(2개 포함) 사용한 경우
   (2) 불을 사용하여 만든 조리작품이 작품특성에 벗어나는 정도로 타거나 익지 않은 경우
   (3) 시험 중 시설·장비(칼, 가스레인지 등) 사용 시 감독위원 및 타수험자의 시험 진행에 위협이 될 것으로 감독위원 전원이 합의하여 판단한 경우
   다) 미완성 – (1) 시험시간 내에 과제 두 가지를 제출하지 못한 경우
   (2) 문제의 요구사항대로 과제의 수량이 만들어지지 않은 경우
   라) 오작 – (1) 구이를 찜으로 조리하는 등과 같이 조리방법을 다르게 한 경우
   (2) 해당 과제의 지급재료 이외의 재료를 사용하거나 석쇠 등 요구사항의 조리도구를 사용하지 않은 경우
   마) 요구사항에 명시된 실격, 미완성, 오작에 해당하는 경우
7) 항목별 배점은 위생상태 및 안전관리 5점, 조리기술 30점, 작품의 평가 15점입니다.

11. 시행지역 및 현황

기관명	주 소		검정안내 전화번호	
			지역번호	자격시험(1)팀
서울지역본부	02512	서울특별시 동대문구 장안벚꽃로 279	02	2137-0521~4
서울동부지사	05084	서울특별시 광진구 뚝섬로 32길 38	02	2024-1703~9
서울남부지사	07225	서울특별시 영등포구 버드나루로 110	02	6907-7152~7
강원지사	24408	강원도 춘천시 동내면 원창고개길 135	033	248-8511~4
강원동부지사	25440	강원도 강릉시 사천면 방동길 60	033	650-5712~7
부산지역본부	46519	부산광역시 북구 금곡대로 441번길 26	051	330-1910
부산남부지사	48518	부산광역시 남구 신선로 454-18	051	620-1912~6
울산지사	44695	울산광역시 중구 종가로 347	052	220-3211~5
경남지사	51519	경남 창원시 성산구 두대로 239	055	212-7241~52
대구지역본부	42704	대구광역시 달서구 성서공단로 213	053	580-2321~7
경북지사	36616	경북 안동시 서후면 학가산온천길 42	054	840-3031~3
경북동부지사	37580	경북 포항시 북구 법원로 140번길 9	054	230-3252~6
중부지역본부	21634	인천시 남동구 남동서로 209	032	820-8619~33
경기지사	16626	경기도 수원시 권선구 호매실로 46-68	031	249-1212~9
경기북부지사	11780	경기도 의정부시 추동로 140	031	850-9121~6
경기동부지사	13313	경기도 성남시 수정구 성남대로 1217	031	750-6222~8
광주지역본부	61008	광주광역시 북구 첨단벤처로 82	062	970-1761~7
전북지사	54852	전북 전주시 덕진구 유상로 69	063	210-9221~8
전남지사	57948	전남 순천시 순광로 35-2	061	720-8531~8
전남서부지사	58604	전남 목포시 영산로 820	061	288-3323~6
제주지사	63220	제주 제주시 복지로 19	064	729-0711~5
대전지역본부	35000	대전시 중구 서문로 25번길 1	042	580-9132~7
충북지사	28456	충북 청주시 흥덕구 1순환로 394번길 81	043	279-9041~5
충남지사	31081	충남 천안시 서북구 천일고1길 27	041	620-7633~8

출제기준(필기)

직무 분야	음식 서비스	중직무 분야	조리	자격 종목	양식조리기능사	적용 기간	2016.1.1 ~ 2018.12.31

• 직무내용 : 양식조리 부분에 배속되어 제공될 음식에 대한 기초 계획을 세우고 식재료를 구매, 관리, 손질하여 맛, 영양, 위생적인 음식을 조리하고 조리기구 및 시설관리를 유지하는 직무

필기검정방법	객관식	문제수	60	시험시간	1시간

필기과목명	문제수	주요항목	세부항목	세세항목
식품위생 및 관련법규, 식품학, 조리이론 및 원가계산, 공중보건	60	1. 식품위생	1. 식품위생의 의의	1. 식품위생의 의의
			2. 식품과 미생물	1. 미생물의 종류와 특성 2. 미생물에 의한 식품의 변질 3. 미생물 관리 4. 미생물에 의한 감염과 면역
		2. 식중독	1. 식중독의 분류	1. 세균성 식중독의 특징 및 예방대책 2. 자연독 식중독의 특징 및 예방대책 3. 화학적 식중독의 특징 및 예방대책 4. 곰팡이 독소의 특징 및 예방대책
		3. 식품과 감염병	1. 경구감염병	1. 경구감염병의 특징 및 예방대책
			2. 인수공통감염병	1. 인수공통감염병의 특징 및 예방대책
			3. 식품과 기생충병	1. 식품과 기생충병의 특징 및 예방대책
			4. 식품과 위생동물	1. 위생동물의 특징 및 예방대책
		4. 살균 및 소독	1. 살균 및 소독	1. 살균의 종류 및 방법 2. 소독의 종류 및 방법
		5. 식품첨가물과 유해물질	1. 식품첨가물	1. 식품첨가물 일반정보 2. 식품첨가물 규격기준 3 중금속 4. 조리 및 가공에서 기인하는 유해물질
		6. 식품위생관리	1. HACCP, 제조물책임법(PL) 등	1. HACCP, 제조물책임법의 개념 및 관리

필기검정방법	출제 문제수	주요항목	세부항목	세세항목
			2. 개인위생관리	1. 개인위생관리
			3. 조리장의 위생관리	1. 조리장의 위생관리
		7. 식품위생관련 법규	1. 식품위생관련법규	1. 총칙 2. 식품 및 식품첨가물 3. 기구와 용기 · 포장 4. 표시 5. 식품등의 공전 6. 검사 등 7. 영업 8. 조리사 및 영양사 9.시정명령 · 허가취소 등 행정제재 10. 보칙 11. 벌칙
		8. 공중보건	1. 공중보건의 개념	1. 공중보건의 개념
			2. 환경위생 및 환경오염	1. 일광 2. 공기 및 대기오염 3. 상하수도, 오물처리 및 수질오염 4. 소음 및 진동 5. 구충구서
			3. 산업보건 및 감염병 관리	1. 산업보건의 개념과 직업병 관리 2. 역학 일반 3. 급만성감염병관리
			4. 보건관리	1. 보건행정 2. 인구와 보건 3. 보건영양 4. 모자보건, 성인 및 노인보건 5. 학교보건
		9. 식품학	1. 식품학의 기초	1. 식품의 기초식품군
			2. 식품의 일반성분	1. 수분 2. 탄수화물 3. 지질 4. 단백질 5. 무기질 6. 비타민
			3. 식품의 특수성분	1. 식품의 맛 2. 식품의 향미(색, 냄새) 3. 식품의 갈변 4. 기타 특수성분

필기검정방법	출제 문제수	주요항목	세부항목	세세항목
		9. 식품학	4. 식품과 효소	1. 식품과 효소
		10. 조리과학	1. 조리의 기초지식	1. 조리의 정의 및 목적
				2. 조리의 준비조작
				3. 기본조리법 및 다량조리기술
			2. 식품의 조리원리	1. 농산물의 조리 및 가공 · 저장
				2. 축산물의 조리 및 가공 · 저장
				3. 수산물의 조리 및 가공 · 저장
				4. 유지 및 유지 가공품
				5. 냉동식품의 조리
				6. 조미료 및 향신료
		11. 급식	1. 급식의 의의	1. 급식의 의의
			2. 영양소 및 영양섭취 기준, 식단작성	1. 영양소 및 영양섭취기준, 식단작성
			3. 식품구매 및 재고관리	1. 식품구매 및 재고관리
			4. 식품의 검수 및 식품감별	1. 식품의 검수 및 식품감별
			5. 조리장의 시설 및 설비 관리	1. 조리장의 시설 및 설비 관리
			6. 원가의 의의 및 종류	1. 원가의 의의 및 종류
				2. 원가분석 및 계산

출제기준(실기)

직무 분야	음식 서비스	중직무 분야	조리	자격 종목	양식조리기능사	적용 기간	2016.1.1 ~ 2018.12.31

- 직무내용 : 양식조리 부분에 배속되어 제공될 음식에 대한 기초 계획을 세우고 식재료를 구매, 관리, 손질하여 맛, 영양, 위생적인 음식을 조리하고 조리기구 및 시설관리를 유지하는 직무
- 수행준거 : 1. 양식의 고유한 형태와 맛을 표현할 수 있다.
  2. 식재료의 특성을 이해하고 용도에 맞게 손질할 수 있다.
  3. 레시피를 정확하게 숙지하고 적절한 도구 및 기구를 사용할 수 있다.
  4. 기초조리기술을 능숙하게 할 수 있다.
  5. 조리과정이 위생적이고 정리정돈을 잘 할 수 있다.

실기검정방법	작업형	시험시간	70분 정도

실기과목명	주요항목	세부항목	세세항목
양식조리 작업	1. 기초 조리작업	1. 식재료별 기초손질 및 모양썰기	1. 식재료를 각 음식의 형태와 특징에 알맞도록 손질할 수 있다.
	2. 스톡조리	1. 스톡 조리하기	1. 주어진 재료를 사용하여 요구사항에 맞는 스톡을 만들 수 있다.
	3. 소스조리	1. 소스조리하기	1. 주어진 재료를 사용하여 요구사항대로 소스를 만들 수 있다.
	4. 수프조리	1. 수프조리하기	1. 주어진 재료를 사용하여 요구사항대로 수프를 만들 수 있다.
	5. 전채조리	1. 전채요리 조리하기	1. 주어진 재료를 사용하여 요구사항대로 전채요리를 만들 수 있다.
	6. 샐러드조리	1. 샐러드 조리하기	1. 주어진 재료를 사용하여 요구사항대로 샐러드를 만들 수 있다.
	7. 어패류조리	1. 어패류 요리 조리하기	1. 주어진 재료를 사용하여 요구사항대로 어패류 요리를 만들 수 있다.
	8. 육류조리	1. 육류요리 조리하기 (각종 육류, 가금류, 엽조육류 및 그 가공품 등)	1. 주어진 재료를 사용하여 요구사항대로 육류 요리를 만들 수 있다.

실기과목명	주요항목	세부항목	세세항목
	9. 파스타요리	1. 파스타 조리하기	1. 주어진 재료를 사용하여 요구사항대로 파스타 요리를 만들 수 있다.
	10. 달걀조리	1. 달걀요리 조리하기	1. 주어진 재료를 사용하여 요구사항대로 달걀 요리를 만들 수 있다.
	11. 채소류 조리	1. 채소류 요리 조리하기	1. 주어진 채소류를 사용하여 요구사항대로 채소요리를 만들 수 있다.
	12. 쌀조리	1. 쌀 요리 조리하기	1. 주어진 재료를 사용하여 요구사항대로 쌀 요리를 만들 수 있다.
	13. 후식조리	1. 후식 조리하기	1. 주어진 재료를 사용하여 요구사항대로 후식요리를 만들 수 있다.
	14. 담기	1. 그릇 담기	1. 적절한 그릇에 담는 원칙에 따라 음식을 모양 있게 담아 음식의 특성을 살려 낼 수 있다.
	15. 조리작업관리	1. 조리작업, 위생관리하기	1. 조리복 · 위생모 착용, 개인위생 및 청결 상태를 유지할 수 있다. 2. 식재료를 청결하게 취급하며 전 과정을 위생적으로 정리정돈하며 조리할 수 있다.

출제기준(필기)

직무 분야	음식 서비스	중직무 분야	조리	자격 종목	조리산업기사 (양식)	적용 기간	2016.1.1 ~ 2018.12.31

• 직무내용 : 양식조리부분에 배속되어 제공될 음식에 대한 계획을 세우고 조리할 재료를 선정, 구입, 검수, 보관 및 저장하며 맛, 영양, 위생적인 음식을 조리하고 조리기구 및 시설 관리를 유지하며 급식 및 외식경영을 수행하는 직무

필기검정방법	객관식	문제수	80	시험시간	2시간

필기과목명	문제수	주요항목	세부항목	세세항목
식품위생 및 관련 법규	20	1. 식품위생 개론	1. 식품위생의 개념 및 행정기구	1. 식품위생의 의의 및 행정기구
			2. 식품과 미생물	1. 미생물의 종류와 특성
				2. 미생물에 의한 식품의 변질
				3. 미생물 관리
				4. 미생물에 의한 감염과 면역
		2. 식중독 관리	1. 세균성 식중독	1. 세균성 식중독의 특징 및 예방대책
			2. 자연독 식중독	1. 자연독 식중독의 특징 및 예방대책
			3. 화학적 식중독	1. 화학적 식중독의 특징 및 예방대책
		3. 식품과 감염병	4. 곰팡이 독소	1. 곰팡이 독소의 특징 및 예방대책
			1. 경구감염병	1. 경구감염병의 특징 및 예방대책
			2. 인수공통감염병	1. 인수공통감염병의 특징 및 예방대책
			3. 식품과 기생충병	1. 식품과 기생충병의 특징 및 예방대책
			4. 식품과 위생동물 물 · 해충	1. 위생동물의 특징 및 예방대책
				2.. 위생해충의 특징 및 예방대책
		4. 살균 및 소독	1. 살균 및 소독	1. 살균의 종류 및 방법
				2. 소독의 종류 및 방법
		5. 식품첨가물	1. 식품첨가물	1. 식품첨가물 일반정보
				2. 식품첨가물 규격기준
		6. 유해물질	1. 유해물질	1. 중금속
				2. 조리 및 가공에서 기인하는 유해물질
		7. 식품위생관리	1. HACCP, PL 등	1. HACCP, 제조물책임법 등의 개념 및 관리
			2. 개인위생관리	1. 개인위생관리
			3. 급식시설 위생관리	1. 급식시설의 위생관리
		8. 식품위생관련 법규	1. 식품위생관련법규	1. 총칙 2. 식품 및 식품첨가물
				3. 기구와 용기 · 포장 4. 표시
				5. 식품등의 공전 6. 검사 등 7. 영업
				8. 조리사 및 영양사
				9. 시정명령 · 허가취소 등 행정제재
				10. 보칙 11. 벌칙

필기검정방법	출제 문제수	주요항목	세부항목	세세항목
식품학	20	1. 식품과 영양	1. 식품과 영양	1. 식품군별 분류 2. 영양소의 기능 및 영양섭취기준
			2. 식품의 일반성분	1. 수분 2. 탄수화물 3. 지질 4. 단백질 5. 무기질 6. 비타민
			3. 식품의 특수성분	1. 식품의 맛 2. 식품의 색 3. 식품의 갈변 4. 식품의 냄새 5. 기타 특수성분
			4. 식품과 효소	1. 식품과 효소
조리이론 및 원가계산	20	1. 조리과학	1. 기본조리조작	1. 조리와 식품의 물리화학적 특성 2. 기본조리조작
			2. 가열조리	1. 습열조리 2. 건열조리
			3. 비가열조리	1. 비가열조리
		2. 조리이론	1. 재료별 조리특성 및 원리	1. 곡류 및 두류 2. 수조육류 및 어패류 3. 난류 4. 우유 및 유제품 5. 채소 및 과일 6. 해조류 7. 유지류 8. 냉동식품의 조리 9. 조미료 및 향신료
			2. 식품의 가공 및 저장	1. 식품의 가공 및 저장의 기초 2. 식재료별 가공 및 저장 3. 유전자재조합 및 방사선 조사식품
		3. 급식 및 외식 경영관리	1. 메뉴관리	1. 식품군 및 식사구성안 2. 레시피 작성 3. 메뉴 분석 및 개발
			2. 원가관리	1. 원가의 개념 2. 원가분석 및 계산
			3. 식품 구매 및 검수관리	1. 식품의 구매 및 검수관리 2. 식품출납관리
			4. 작업관리	1. 작업장의 동선관리 2. 작업장의 안전관리 3. 설비 및 조리기기 관리 4. 인력관리
공중 보건학	20	1. 공중보건	1. 공중보건의 개념	1. 공중보건의 개념
			2. 환경위생 및 환경오염	1. 일광 2. 공기 및 대기오염 3. 상하수도, 오물처리 및 수질오염 4. 소음 및 진동 5. 구충구서
			3. 산업보건	1. 산업보건의 개념과 직업병관리
			4. 역학 및 감염병관리	1. 역학 일반 2. 급만성감염병관리
			5. 보건관리	1. 보건행정 2. 인구와 보건 3. 보건영양 4. 모자보건, 성인 및 노인보건 5. 학교보건

출제기준(실기)

직무분야	음식 서비스	중직무분야	조리	자격종목	조리산업기사(양식)	적용기간	2016.1.1 ~ 2018.12.31

• 직무내용 : 양식조리부분에 배속되어 제공될 음식에 대한 계획을 세우고 조리할 재료를 선정, 구입, 검수, 보관 및 저장하며 맛, 영양, 위생적인 음식을 조리하고 조리 기구 및 시설 관리를 유지하며 급식 및 외식경영을 수행하는 직무

• 수행준거 : 1. 양식의 고유한 형태와 맛을 표현할 수 있고 메뉴개발을 할 수 있다.
2. 식재료의 특성을 이해하고 용도에 맞게 손질할 수 있다.
3. 레시피를 정확하게 숙지하고 적절한 도구 및 기구를 사용할 수 있다.
4. 조리기술을 능숙하게 할 수 있다.
5. 위생적인 조리와 정리정돈을 잘 할 수 있다.

실기검정방법	작업형	시험시간	2시간 정도

실기과목명	주요항목	세부항목	세세항목
양식조리 작업	1. 기초 조리작업	1. 식재료 식별하기	1. 식재료의 상태를 식별할 수 있다.
		2. 식재료 기초 손질 및 모양썰기	1. 식재료를 각 음식의 형태와 특징에 따라 분류하고 손질할 수 있다.
	2. 음식에 따른 조리작업	1. 스톡 조리하기	1. 주어진 재료를 사용하여 조리준비, 과정, 완성까지 요구사항에 맞는 스톡을 완성할 수 있다.
		2. 소스조리하기	1. 주어진 재료를 사용하여 조리준비, 과정, 완성까지 요구사항에 맞는 소스를 완성할 수 있다.
		3. 수프조리하기	1. 주어진 재료를 사용하여 조리준비, 과정, 완성까지 요구사항에 맞는 수프를 완성할 수 있다.
		4. 전채요리 조리하기	1. 주어진 재료를 사용하여 조리준비, 과정, 완성까지 요구사항에 맞는 전채요리를 완성할 수 있다.
		5. 샐러드 조리하기	1. 주어진 재료를 사용하여 조리준비, 과정, 완성까지 요구사항에 맞는 샐러드요리를 완성할 수 있다.
		6. 어패류 요리 조리하기	1. 주어진 재료를 사용하여 조리준비, 과정, 완성까지 요구사항에 맞는 어패류요리를 완성할 수 있다.
		7. 육류요리 조리하기	1. 주어진 재료를 사용하여 조리준비, 과정, 완성까지 요구사항에 맞는 육류요리를 완성할 수 있다.

필기검정방법	출제 문제수	주요항목	세부항목	세세항목
			7. 육류요리 조리하기	1. 주어진 재료를 사용하여 조리준비, 과정, 완성까지 요구사항에 맞는 육류요리를 완성할 수 있다.
			8. 면류(파스타) 조리하기	1. 주어진 재료를 사용하여 조리준비, 과정, 완성까지 요구사항에 맞는 파스타요리를 완성할 수 있다.
			9. 달걀요리 조리하기	1. 주어진 재료를 사용하여 조리준비, 과정, 완성까지 요구사항에 맞는 달걀요리를 완성할 수 있다.
			10. 채소류 요리 조리하기	1. 주어진 재료를 사용하여 조리준비, 과정, 완성까지 요구사항에 맞는 채소류요리를 완성할 수 있다.
			11. 쌀 요리 조리하기	1. 주어진 재료를 사용하여 조리준비, 과정, 완성까지 요구사항에 맞는 쌀요리를 완성할 수 있다
			12. 후식 조리하기	1. 주어진 재료를 사용하여 조리준비, 과정, 완성까지 요구사항에 맞는 후식요리를 완성할 수 있다
		3. 테이블세팅	1. 테이블세팅하기	1. 테이블에 테이블 웨어(ware)를 사용하여 테이블 세팅을 할 수 있다. 2. 테이블 끝에서 1인치 정도의 위치에 접시를 놓고 왼쪽에 빵접시를 놓을 수 있다. 3. 커틀러리(cutlery)와 글라스, 냅킨을 정해진 위치에 놓을 수 있다.
		4. 조리작업관리	1. 조리작업관리하기	1. 조리 기본지식과 기본 조리방법을 알고 조리 준비 작업을 할 수 있다. 2. 각종 요리의 특징을 알고 기본 조리방법에 의해 조리를 할 수 있다. 3. 주요리와 어울리는 곁들임과 소스 등을 조리 할 수 있다. 4. 식사의 기본 요소에 대하여 알고, 요리의 특징에 맞는 서비스 온도, 서비스 시간 등을 잘 할 수 있다.
			2. 조리작업, 위생관리하기	1. 조리복 · 위생모 착용, 개인위생 및 청결상태를 유지할 수 있다. 2. 식재료를 청결하게 취급하며 전 과정을 위생적으로 정리정돈하고 조리할 수 있다.

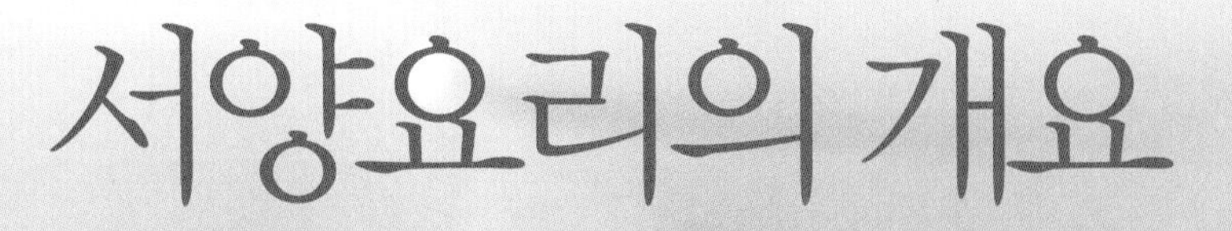

서양요리의 개요

서양요리의 특징

일반적으로 서양요리라 함은 미국을 비롯한 캐나다 등의 북미대륙을 비롯해서 프랑스, 이탈리아, 독일 등의 유럽 여러 나라 요리를 말한다.

그 중에서도 가장 유명한 요리는 프랑스 요리라고 알려져 있으나 그 원천은 이탈리아 요리라고 한다.

1550년 이탈리아 메디치(Medicis)家의 공주가 프랑스 국왕 앙리2세에게 시집오면서 여러 명의 조리사를 데리고 와서 이탈리아 요리를 전파하였으며, 프랑스 요리는 이들로부터 기술을 배워 조리법을 발달시키면서 예술적인 멋까지 곁들이게 되었다고 한다.

우리나라에 서양요리가 보급된 것은 1897년 정동에 있던 손탁호텔에서 러시아인이 서양식당을 개업하면서 그 시초가 되었는데, 그 후 일본을 통하여 주로 들어오게 되었으며 8·15광복 이후 오늘날까지 우리 식탁에서 큰 몫을 차지하게 되었다.

1970년대 중반까지는 미국식 서양요리가 주류를 이루게 되고 그 후 프랑스, 영국, 독일, 이탈리아 요리가 한국식으로 변화된 것을 통틀어 서양요리라 하였다. 그러면서 국가적으로는 1986년 아시안게임과 1988년 올림픽경기, 2002년 월드컵경기를 치르면서 각 호텔들은 유럽 현지 조리사들을 채용해서 정통적인 맛과 한국적인 맛을 살려서 퓨전요리까지 등장시켜 젊은 사람들의 입맛을 사로잡았다.

최근에는 세계 여러 나라로 해외여행을 많이 다니게 되면서, 유럽 현지의 맛들도 자연스럽게 접하게 되어 서양요리는 우리에게 보다 친숙하게 되었다. 또한 서양요리는 육류 종류가 많기 때문에 향신료가 다양하며, 소스 종류도 많기에 기본적인 재료들을 잘 알고 요리를 해야 한다.

예를 들어, 기름 종류도 다양한데 나라와 지역별로 각기 특색이 있다. 즉, 프랑스와 이탈리아 북부지역은 버터(Butter)를 주로 사용하며, 이탈리아 남부지역은 올리브오일(Olive oil)를, 독일은 라드오일(Lard oil), 미국은 샐러드오일(Salad oil)을 사용하고, 기본 조미료는 소금, 후추, 버터를 사용한다.

또한 오븐(Oven)을 사용하여 굽는 요리가 발달하였다.

그 외 여러 가지 향신료와 포도주를 사용하여 음식의 향미를 좋게 하며, 조리에 소스를 많이 곁들이고 있는 것도 서양요리의 특징 중의 하나이다.

1. 서양조리의 기본 썰기 용어

1. **Julienne**(줄리앙) : 0.6cm×0.6cm×6cm 길이다. 네모막대기 썰기인데 Batonnet(바또네) or Large Julienne(라지 쥴리앙)이라 한다.

   Fine Julienne(화인 줄리앙) : 0.15cm×0.15cm×5cm 정도의 가늘게 채썬 형태로 당근, 무, 감자, 셀러리 등을 조리할 때 사용.

2. **Dice**(다이스) : ① Large - 2cm×2cm×2cm 크기의 주사위형 네모 썰기.
   ② Medium - 1.2cm×1.2cm×1.2cm의 주사위 모양.
   ③ Small - 0.6cm×0.6cm×0.6cm 크기의 주사위형 정육면체.

3. **Brunoise**(브루노와즈) : 0.3cm×0.3cm×0.3cm 주사위 모양으로 작은 형태의 네모 썰기로 정육면체 형태.

   Fine Brunoise(화인 브루노와즈) : 0.15cm×0.15cm×0.15cm 형태의 네모 썰기.

4. **Paysanne**(빼이찬느) : 1.2cm×1.2cm×0.3cm 크기의 직육면체로 납작한 네모 형태.

5. **Chiffonade**(쉬포나드) : 실처럼 가늘게 써는 것. 바질잎이나 상치, 허브잎 등을 겹겹이 쌓은 후 둥글게 말아서 가늘게 썬다.

6. **Cube**(큐브) : 1.5cm×1.5cm×1.5cm의 정육면체의 깍두기 모양.

7. **Concasse**(콩카세) : 토마토를 0.5cm×0.5cm×0.5cm의 크기로 써는데 토마토가 둥글기 때문에 실제로 똑같은 모양을 유지하기가 힘들다.

8. **Chateau**(샤토) : 길이 6cm 정도로 잘라 달걀 모양으로 만드는데 6면을 잘 다듬어 일정한 각도로 휘어서 깎아야 한다.

9. **Emence(slice)**(에망세) : 채소를 얇게 저미는 것. 영어로는 Slice(슬라이스)라고 한다.

10. **Hacher(chopping)**(아세) : 채소를 곱게 다지는 것. 영어로는 Chopping(참핑)이라고 한다.

11. **Macedoine**(마세도앙) : 가로·세로·높이를 1.2cm×1.2cm×1.2cm 크기로 썬 주사위 모양, 과일 샐러드 만들 때 사용한다.

12. **Olivette**(올리베트) : 길이 6cm 정도의 정육면체의 모양을 내어 위에서 아래로 훑어 깎아서 올리브 모양으로 만들어 다듬는 것을 말한다. 아래 위는 뾰족하고 가운데 모양은 둥글게 만든다.

13. **Parisienne**(파리지엔) : 야채나 과일을 둥근 구슬 모양으로 파내는 방법으로 파리지엔 나이프를 사용한다.

14. **Printanier(Lozenge)**(쁘랭따니에)(로진) : 두께 0.4cm, 가로·세로 1.2cm 정도의 다이아몬드형으로 써는 방법.

15. **Pont Neuf**(퐁 느프) : 0.6cm×0.6cm×6cm의 크기로 가늘고 긴 막대기 모양으로 French Fried Potatoes를 할 때 많이 사용한다.

16. **Russe**(뤼스) : 0.5cm×0.5cm×3cm 크기로 길이가 짧은 막대기형으로 써는 것.

17. **Carrot Vichy**(캐롯 비취) : 두께 0.7cm의 둥근 모양으로 썰어 가장자리를 비스듬하게 돌려 깎아 마치 비행접시 모양으로 만드는 것.

18. **Mince**(민스) : 고기나 야채를 곱게 다지거나 으깰 때 사용하는 조리 용어이다.

19. **Roudelle**(롱델) : 둥근 야채를 두께 0.4cm~1cm 정도로 자르는 것을 말한다.

2. 식재료의 계량

계량단위

(한국) 1cup= 200cc(200mℓ)

= 13$\frac{1}{3}$ Table spoon

(미국) 1cup= 240cc(240mℓ)

= 16 Table spoon

1Table spoon=1Ts=15cc=3tea spoon

1tea spoon=1Ts=5cc

온도계산법

섭씨 (℃ : centigrade)

화씨 (℉ : Fahrenheit)

섭씨를 화씨로 고치는 공식 → ℉ = 9/5℃ + 32

화씨를 섭씨로 고치는 공식 → ℃ = 5/9(℉ − 32)

3. 기본조리법

1. **삶기(Boiling)** : 식재료를 액체나 100℃의 물에 넣고 끓이는 방법.

2. **데치기(Blanching)** : 식재료를 많은 양의 끓는 물 또는 기름 속에 집어넣어 짧게 조리하는 방법.

3. **굽기(Broiling, Grilling)** : Broiling은 석쇠 위에서 직접 불에 쬐어 굽는 방법이고, Grilling은 가열된 금속의 표면에서 간접적으로 불에 굽는 방법이다.

4. **베이킹(Baking)** : Oven 안에서 건조열로 굽는 방법으로 빵류, Tart류, Pie류, Cake류 등 빵집에서 많이 사용한다.

5. **찌기(Steaming)** : 수증기의 대류를 이용하는 방법으로 증기가 음식물을 둘러싸고 있으면서 열에너지로 음식을 익히는 방법이다.

6. **로스팅(Roasting)** : 서양요리를 만드는 대표적인 조리법으로 육류나 가금류 등을 통째로 오븐 속에 넣어 굽는 방법으로 뚜껑을 덮지 않은 채로 조리한다.

7. **브레이징(Braising)** : 건열조리와 습열조리가 혼합된 방법으로 연한 육류나 가금류를 고기 자체의 수분 또는 아주 적은 양의 수분을 첨가한 후 뚜껑을 덮어 오븐 속에서 은근히 익히는 방법. 우리나라의 찜과 비슷한 조리법으로 오븐에서 가열한다.

8. **포칭(Poaching)** : 달걀이나 단백질 식품 등을 비등점 이하의 온도(70℃~80℃)에서 끓고 있는 물, 혹은 액체 속에 담가 익히는 방법인데 낮은 온도에서 조리함으로써 단백질 식품의 건조하고 딱딱해짐을 방지하고 부드러움을 살리는 데 있다.

9. **스튜(Stewing)** : 한국의 찌개와 비슷한 조리방법인데 고기나 채소 등을 큼직하게 썰어 버터에 볶다가 브라운 소스를 넣고 충분히 끓여 걸쭉하게 하는 조리이다.

10. 볶음(Sauteing) : 얇은 Saute pan이나 Fry pan에 소량의 버터 혹은 샐러드 오일을 넣고 잘게 썬 고기 등을 200℃ 정도의 고온에서 살짝 볶는 방법이다.

11. 조림(Glazing) : 설탕이나 버터, 육즙 등을 농축시켜 음식에 코팅시키는 조리 방법이다.

12. 튀기기(Frying) : 식용유에 음식물을 튀기는 방법이다. 튀김 온도는 수분이 많은 채소일수록 비교적 저온으로 하며, 생선류, 육류의 순으로 고온 처리한다.

13. 갈기(Blending) : 채소나 과일 또는 소스를 만들 때 믹서기를 이용하여 갈아 주는 방법이다.

14. 심머링(Simmering) : 낮은 온도에서 장시간 끓이는 조리법으로 식재료의 영양분을 용출시키는 데 가장 효과적인 방법이다. 소스나 스톡을 만들 때 사용한다.

15. 휘핑(Whipping) : 거품기를 사용하여 한쪽 방향으로 빠르게 저어서 거품을 내어 공기를 함유하게 하는 것으로 계란 흰자거품을 내는 데 사용하는 방법이다.

16. Gratinating(Gratiner) : 요리할 음식 위에 버터, 치즈, 계란, 소스 등을 올려서 사라만다 or 브로일러를 이용하여 굽는 방법이다. 250℃~300℃가 적당하다. 그라탱요리, 파스타, 생선요리 등을 만든다.

17. 마이크로웨이브 쿠킹(Microwave cooking) : 초단파 전자오븐으로 고열을 이용하여 짧은 시간에 조리하는 방법이다. 진공 포장한 요리를 먹기 전에 데우는 방법이다.

4. 테이블세팅(Table Setting)

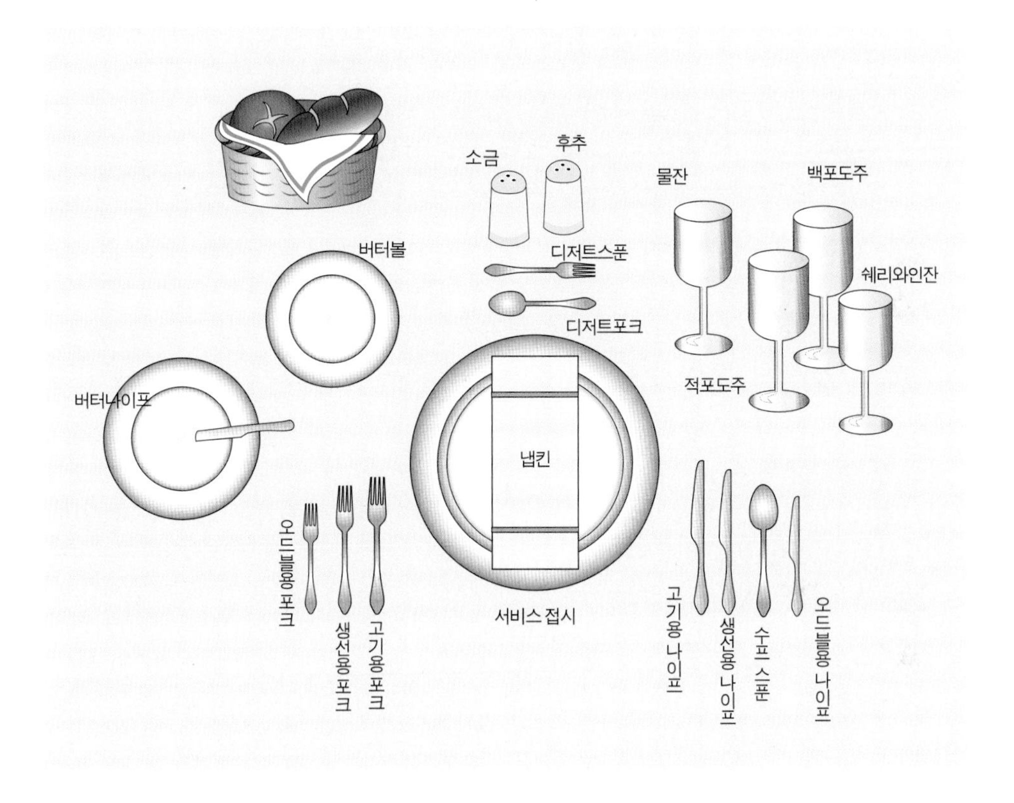

5. 서양요리의 식사순서에 따른 예절

1) 식사 전의 술(Aperitif)

식사 전에 식욕을 돋우는 반주를 Aperitif(아페리티프)라 하는데 주로 쉐리와인(Sherry Wine)과 드라이 버무스(Dry Vermouth)를 사용한다.

2) 오르되브르(Hors d'oeuvre)=Appetizer=전채요리

오드블은 식전 식욕을 촉진하는 요리로써 카나페(Canape), 훈제요리, 철갑상어 알, 거위간(Foie gras) 등을 기본으로 하는 약간 자극적인 것이 좋다.

3) 수프(Potage)와 빵(Bread)

식탁의 맨 오른쪽에 있는 수프 스푼으로 먹는데 소리나지 않게 먹으며, 예전에는 가운데가 약간 들어간 접시 종류를 사용하였으나 근래에는 볼(Bowl)을 더 많이 사용한다. 빵은 미리 제공되기도 하고 수프 뒤에 제공되기도 하는데 주요리와 같이 먹는다. 빵은 손으로 떼어서 버터나 잼을 발라 먹는다.

4) 생선요리(Poisson : Fish)

생선요리를 먹을 때는 포크와 나이프를 사용하는데, 생선은 뒤집지 말고 살만 발라 먹도록 하고, 잔뼈가 입에 들어갈 경우는 한 손으로 살짝 가리고 다른 손으로 뼈만 빼내어 접시에 올려놓는다. 생선요리에는 백포도주가 어울린다.

5) 주요리(Main Course : 육류)와 샐러드

육류요리는 중심이 되는 요리로 주로 소고기를 사용한 스테이크가 제공된다. 스테이크의 경우 안심과 등심을 많이 사용하는데, 굽는 정도에 따라 표면만 살짝 굽는 Rare(레어)부터 Medium rare(미디엄레어), Medium(미디엄) 그리고 완전히 익히는 Welldone(웰던)이 있다. 샐러드는 샐러드 드레싱을 얹어서 포크를 사용하여 육류를 먹는 동안 간간이 먹으면 된다.

6) 디저트(Dessert : 후식)

식사 후에 나오는 아이스크림, 파이, 푸딩, 케이크 등이다. 과일은 디저트 후에 나오며, 과일용 나이프와 포크를 사용한다.

7) 데미타스(Demitasse : 커피)

정찬의 마지막 순서는 데미타스다. 이것은 작은 커피 잔이며 이 커피 잔은 보통 잔의 1/2정도밖에 되지 않는 것을 사용한다. 그 외 음료로는 홍차나 녹차를 낼 수도 있다.

6. 향신료(Spice)란?

향신료(Spice)는 요리의 맛, 향, 색을 내기 위해서 사용하는 식물의 종자, 과실, 꽃, 잎, 껍질, 뿌리 등에서 얻은 식물의 일부분으로 특유의 향미를 가지고 식품의 향미를 북돋우거나 아름다운 색을 나타내어 식욕을 증진시키거나 소화기능을 조장하는 것이라 하지만 나라 또는 민족의 식생활에 따라서 그 범위와 종류, 분류는 다르게 되어 있다.

향신료는 크게 나누어 Spice와 Herb라고 할 수 있지만 허브는 스파이스 안에 포함되는 개념으로서 사용하는 부위에 따라 스파이스와 허브로 나눌 수 있다. Spice는 방향성 식물의 뿌리, 줄기, 껍질, 씨앗 등 딱딱한 부분으로 비교적 향이 강하며, Herb는 잎이나 꽃잎 등 비교적 연한 부분으로 Spice와 Herb를 구별하기도 한다.

7. 향신료의 종류(Kind of Spice)

1) **Herbs(허브)** : 주로 방향식물의 잎과 가지를 신선한 형태로 사용하거나 혹은 말린 형태로 사용한다.

2) **Spices(스파이스)** : 방향성 열대식물의 열매, 종자, 싹, 줄기, 뿌리, 껍질 등을 이용하는데 보관 도중 방향을 잃기 쉽다.

Herb의 종류(leaves)

❶ Basil(바질) : 원산지는 동아시아이고 민트과에 속하는 1년생 식물로 이탈리아와 프랑스요리에 많이 사용한다. 주로 토마토요리나 생선요리에 많이 사용.

❷ Sage(세이지) : 만병통치약으로 널리 알려져 있으며 풍미가 강하고 약간 쌉쌀한 맛이 난다. 육류, 가금류, 내장요리, 소스 등에 사용한다.

❸ Chervil(처빌) : 미나리과의 한해살이풀로 유럽과 서아시아가 원산지인 허브의 하나. 주로 샐러드, 생선요리, 가니쉬, 수프, 소스 등에 사용한다.

❹ Thyme(타임) : 강한 향기가 있으며 향이 멀리까지 간다해서 백리향이라고도 한다. 육류, 가금류, 소스, 가니쉬 등 광범위하게 사용된다.

❺ Coriander Silantro(코리앤더 & 실란트로) : 미나리과의 한해살이풀로 지중해 연안 여러 나라에 자생하고 있다. 고수풀 또는 차이니스 파슬리라고 하기도 하고 코리앤더의 잎과 줄기만을 가리켜 실란트로(Silantro)라 지칭하기도 한다. 중국, 베트남, 특히 태국음식에 많이 사용된다. 샐러드, 국수양념, 육류, 생선, 가금류, 소스, 가니쉬 등에 사용한다.

❻ Mint(민트) : 지중해 연안의 다년초이며 전 유럽에서 재배된다. 육류, 리큐르, 빵, 과자, 음료, 양고기 요리에 많이 사용된다.

❼ Oregano(오레가노) : 독특한 향과 맛은 토마토와 잘 어울리므로 토마토를 이용한 요리, 특히 피자에는 빼놓을 수 없는 향신료다.

❽ Marjoram(마조람) : 지중해 연안이 원산지이다. 추위에 약해 한국에서는 한해살이풀로 다룬다. 순하고 단맛을 가졌으며 오레가노와 비슷하다. 양고기나 송아지고기, 각종 야채음식에 사용된다. 수프, 스튜, 소스, 닭, 칠면조, 양고기 등에 사용한다.

❾ Parsley(파슬리) : 독특한 향이 있으며 비타민 A와 C, 칼슘, 철분이 들어 있다. 채소, 수프, 소스, 가니쉬, 육류와 생선요리 등에 사용한다.

❿ Tarragon(타라곤) : 시베리아가 원산지이며 쑥의 일종이다. 초에 넣어서 tarragon vinegar라고 하여 달팽이 요리에 사용한다. 소스나 샐러드, 수프, 생선요리, 비네거, 버터, 오일, 피클 등을 만들 때 사용한다.

⓫ Lemon Balm(레몬밤) : 레몬과 유사한 향이 있으며, 향이 달고 진하여 벌이 모여든다 하여 '비밤'이란 애칭을 가지고 있다. 용도로는 샐러드, 수프, 소스, 오믈렛, 생선요리, 육류요리 등에 사용한다.

⑫ Rosemary(로즈메리) : 솔잎을 닮은 은녹색의 큰 집목의 잎으로 보라색 꽃을 피운다. 강한 향기와 살균력을 가지고 있다. 이 꽃에서 얻은 벌꿀은 프랑스의 특산품으로 최고의 꿀로 인정받고 있다. 용도로는 스튜, 수프, 소시지, 비스킷, 잼, 육류, 가금류 등에 사용한다.

⑬ Lavender(라벤다) : 지중해 연안이 원산지이다. 꽃, 잎, 줄기를 덮고 있는 털들 사이에 향기가 나오는 기름샘이 있다. 꽃과 식물체에서 향유를 채취하기 위하여 재배하고 관상용으로도 심는다. 향료식초, 간질병, 현기증 환자약, 목욕재 등에 사용한다.

⑭ Bay Leaf(월계수잎) : 이탈리아에서 많이 생산되며 프랑스, 유고연방, 그리스, 터키, 멕시코를 중심으로 자생한다. 월계수잎은 생잎을 그대로 건조하여 향신료로 사용한다. 생잎은 약간 쓴맛이 있지만 건조하면 단맛과 함께 향긋한 향이 나기 때문에 그리스인이나 로마인들 사이에서 영광, 축전, 승리의 상징이 있다. 육류 절임, 스톡, 가금류, 생선요리에 사용한다.

⑮ Dill(딜) : 딜은 신약성서에 나올 정도로 오랜 역사를 가진 허브이다. 딜의 정유는 비누향료로 잎, 줄기를 잘게 썰어서 생선요리에 쓴다. 주로 생선절임, 드레싱에 많이 사용한다.

Part 1 NCS 양식 조리 학습모듈

• 양식 스톡조리 • 양식 조식조리 • 양식 샐러드조리
• 양식 소스조리 • 양식 수프조리 • 양식 전채조리
• 양식 파스타조리 • 양식 어패류조리 • 양식 육류조리

시험시간
30분

양식조리기능사 실기시험문제

Brown Stock
브라운 스톡

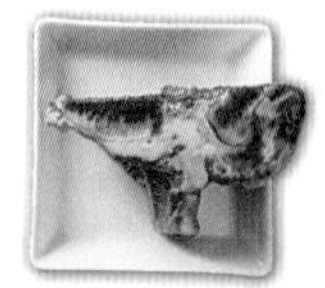

지급재료 목록

- 소뼈 150g(2~3cm 정도, 자른 것)
- 양파 중(150g 정도) 1/2개 • 당근 40g(둥근 모양이 유지되게 등분)
- 셀러리 30g • 검은통후추 4개 • 토마토 중(150g 정도) 1개
- 파슬리(잎, 줄기 포함) 1줄기 • 월계수잎 1잎
- 정향 1개 • 버터(무염) 5g • 식용유 50ml • 면실 30cm
- 다임(dry) 1g(1줄기) • 다시백(10×12cm)

요구사항

주어진 재료를 사용하여 다음과 같이 브라운 스톡을 만드시오.

1. 스톡은 맑고 갈색이 되도록 하시오.
2. 소뼈는 찬물에 담가 핏물을 제거한 후 구워서 사용하시오.
3. 향신료로 사세 데피스(sachet d'epice)를 만들어 사용하시오.
4. 완성된 스톡의 양이 200ml 정도 되도록 하여 볼에 담아내시오.

수검자 유의사항

1. 만드는 순서에 유의하며, 위생과 숙련된 기능평가를 위하여 조리작업 시 맛을 보지 않습니다.
2. 지정된 수험자지참준비물 이외의 조리기구나 재료를 시험장 내에 지참할 수 없습니다.
3. 지급재료는 시험 전 확인하여 이상이 있을 경우 시험위원으로부터 조치를 받고 시험 중에는 재료의 교환 및 추가지급은 하지 않습니다.
4. 요구사항의 규격은 "정도"의 의미를 포함하며, 지급된 재료의 크기에 따라 가감하여 채점합니다.
5. 위생상태 및 안전관리 사항을 준수합니다.
6. 다음 사항에 대해서는 **채점대상에서 제외하니** 특히 유의하시기 바랍니다.
   가) 기권 - 수험자 본인이 시험 도중 시험에 대한 포기 의사를 표현하는 경우
   나) 실격 - (1) 가스레인지 화구 2개 이상(2개 포함) 사용한 경우
   (2) 불을 사용하여 만든 조리작품이 작품특성에 벗어나는 정도로 타거나 익지 않은 경우
   (3) 시험 중 시설·장비(칼, 가스레인지 등) 사용 시 감독위원 및 타수험자의 시험 진행에 위협이 될 것으로 감독위원 전원이 합의하여 판단한 경우
   다) 미완성 - (1) 시험시간 내에 과제 두 가지를 제출하지 못한 경우
   (2) 문제의 요구사항대로 과제의 수량이 만들어지지 않은 경우
   라) 오작 - (1) 구이를 찜으로 조리하는 등과 같이 조리방법을 다르게 한 경우
   (2) 해당 과제의 지급재료 이외의 재료를 사용하거나 석쇠 등 요구사항의 조리도구를 사용하지 않은 경우
   마) 요구사항에 표시된 실격, 미완성, 오작에 해당하는 경우
7. 항목별 배점은 위생상태 및 안전관리 5점, 조리기술 30점, 작품의 평가 15점입니다.

만드는 법

1. 야채는 슬라이스한다.
2. 소뼈를 찬물에 담가 핏물 제거 후 끓는 물에 데친 후 갈색이 나도록 프라이팬에 볶는다.
3. 야채도 갈색이 나도록 프라이팬에 볶는다.
4. 소스 냄비에 소뼈, 야채를 넣고 찬물을 부어 끓어오르면 거품을 건져낸다.
5. 월계수잎, 페페콘, 정향, 파슬리 줄기, 타임을 이용해 사세 데피스를 만들어 넣고 불을 조절하여 약한 불에서 계속 끓이며 거품과 기름을 수시로 걷어낸다.
6. 다 되었을 때 체에 거른다.

- 갈색이 나는 육수의 한 종류로, 소뼈나 야채들을 오븐에서 갈색으로 구워 물을 붓고 푹 끓여서 만드는 것이 원칙이나, 시험장에서는 냄비에서 볶아 사용할 수밖에 없다.
- 소뼈는 기름기나 핏물을 제거한 후 끓는 물에 데쳐서 사용해야 맑은 육수를 만들 수 있다.

시험시간 30분

양식조리기능사 실기시험문제

Spanish Omelet 스패니시오믈렛

지급재료 목록

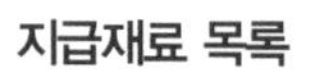

- 토마토 중(150g 정도) 1/4개 • 양파 중(150g 정도) 1/6개
- 청피망 중(75g 정도) 1/6개 • 양송이(10g) 1개 • 베이컨(길이 25~30cm) 1/2조각
- 토마토케첩 20g • 검은후춧가루 2g • 소금(정제염) 5g • 달걀 3개
- 식용유 20ml • 버터(무염) 20g • 생크림(조리용) 20ml

요구사항

주어진 재료를 사용하여 다음과 같이 스패니시오믈렛을 만드시오.

❶ 토마토, 양파, 청피망, 양송이, 베이컨은 0.5cm 정도의 크기로 썰어 오믈렛 소를 만드시오.
❷ 소가 흘러나오지 않도록 하시오.
❸ 소를 넣어 나무젓가락과 팬을 이용하여 타원형으로 만드시오.

수검자 유의사항

❶ 만드는 순서에 유의하며, 위생과 숙련된 기능평가를 위하여 조리작업 시 맛을 보지 않습니다.
❷ 지정된 수험자지참준비물 이외의 조리기구나 재료를 시험장 내에 지참할 수 없습니다.
❸ 지급재료는 시험 전 확인하여 이상이 있을 경우 시험위원으로부터 조치를 받고 시험 중에는 재료의 교환 및 추가지급은 하지 않습니다.
❹ 요구사항의 규격은 "정도"의 의미를 포함하며, 지급된 재료의 크기에 따라 가감하여 채점합니다.
❺ 위생상태 및 안전관리 사항을 준수합니다.
❻ 다음 사항에 대해서는 **채점대상에서 제외하니** 특히 유의하시기 바랍니다.
가) 기권 - 수험자 본인이 시험 도중 시험에 대한 포기 의사를 표현하는 경우
나) 실격 - (1) 가스레인지 화구 2개 이상(2개 포함) 사용한 경우
(2) 불을 사용하여 만든 조리작품이 작품특성에 벗어나는 정도로 타거나 익지 않은 경우
(3) 시험 중 시설·장비(칼, 가스레인지 등) 사용 시 감독위원 및 타수험자의 시험 진행에 위협이 될 것으로 감독위원 전원이 합의하여 판단한 경우
다) 미완성 - (1) 시험시간 내에 과제 두 가지를 제출하지 못한 경우
(2) 문제의 요구사항대로 과제의 수량이 만들어지지 않은 경우
라) 오작 - (1) 구이를 찜으로 조리하는 등과 같이 조리방법을 다르게 한 경우
(2) 해당 과제의 지급재료 이외의 재료를 사용하거나 석쇠 등 요구사항의 조리도구를 사용하지 않은 경우
마) 요구사항에 표시된 실격, 미완성, 오작에 해당하는 경우
❼ 항목별 배점은 위생상태 및 안전관리 5점, 조리기술 30점, 작품의 평가 15점입니다.

만드는 법

❶ 달걀에 소금, 생크림을 넣고 부드럽게 풀어 체에 걸러준다.
❷ 껍질과 씨를 제거한 토마토와 베이컨, 야채들을 0.5cm 정도의 주사위 모양으로 각각 썬다.
❸ 냄비에 버터를 넣고 가열한 다음 베이컨을 넣어 볶다가 야채를 넣고 볶은 다음 토마토 페이스트(케첩), 소금, 후추를 넣는다.
❹ 프라이팬에 식용유, 버터를 넣고 가열한 다음 풀어놓은 달걀을 넣고 스크램블 에그처럼 젓가락으로 휘젓다가 ③의 볶은 재료를 넣고 프라이팬을 두드려 가면서 모양을 타원형으로 만든다.

• 스페인식 달걀 요리로 속재료에 베이컨, 야채들을 볶다가 토마토케첩이나 페이스트를 넣고 소금, 후추로 간한 것을 달걀말이 속에 넣고 오믈렛 모양으로 만든 아침식사의 일종이다.

시험시간
20분

양식조리기능사 실기시험문제

Cheese Omelet
치즈오믈렛

지급재료 목록

- 달걀 3개 • 치즈(가로, 세로 8cm 정도) 1장 • 버터(무염) 30g • 식용유 20ml
- 생크림(조리용) 20ml • 소금(정제염) 2g

요구사항

주어진 재료를 사용하여 다음과 같이 치즈오믈렛을 만드시오.

❶ 치즈는 사방 0.5cm 정도로 자르시오.

❷ 치즈가 들어가 있는 것을 알 수 있도록 하고, 익지 않은 달걀이 흐르지 않도록 만드시오.

❸ 나무젓가락과 팬을 이용하여 타원형으로 만드시오.

수검자 유의사항

❶ 만드는 순서에 유의하며, 위생과 숙련된 기능평가를 위하여 조리작업 시 맛을 보지 않습니다.

❷ 지정된 수험자지참준비물 이외의 조리기구나 재료를 시험장 내에 지참할 수 없습니다.

❸ 지급재료는 시험 전 확인하여 이상이 있을 경우 시험위원으로부터 조치를 받고 시험 중에는 재료의 교환 및 추가지급은 하지 않습니다.

❹ 요구사항의 규격은 "정도"의 의미를 포함하며, 지급된 재료의 크기에 따라 가감하여 채점합니다.

❺ 위생상태 및 안전관리 사항을 준수합니다.

❻ 다음 사항에 대해서는 **채점대상에서 제외하니** 특히 유의하시기 바랍니다.

가) 기권 - 수험자 본인이 시험 도중 시험에 대한 포기 의사를 표현하는 경우

나) 실격 - (1) 가스레인지 화구 2개 이상(2개 포함) 사용한 경우

(2) 불을 사용하여 만든 조리작품이 작품특성에 벗어나는 정도로 타거나 익지 않은 경우

(3) 시험 중 시설·장비(칼, 가스레인지 등) 사용 시 감독위원 및 타수험자의 시험 진행에 위협이 될 것으로 감독위원 전원이 합의하여 판단한 경우

다) 미완성 - (1) 시험시간 내에 과제 두 가지를 제출하지 못한 경우

(2) 문제의 요구사항대로 과제의 수량이 만들어지지 않은 경우

라) 오작 - (1) 구이를 찜으로 조리하는 등과 같이 조리방법을 다르게 한 경우

(2) 해당 과제의 지급재료 이외의 재료를 사용하거나 석쇠 등 요구사항의 조리도구를 사용하지 않은 경우

마) 요구사항에 표시된 실격, 미완성, 오작에 해당하는 경우

❼ 항목별 배점은 위생상태 및 안전관리 5점, 조리기술 30점, 작품의 평가 15점입니다.

만드는 법

❶ 달걀에 소금, 생크림을 넣고 부드럽게 풀어 체에 걸러준다.

❷ 치즈를 0.5cm 정도의 크기로 자른다.

❸ 프라이팬에 식용유와 버터를 넣고 달구어지면 ②를 넣어 젓가락으로 저어 부드러운 스크램블 에그가 되도록 익힌 후 타원형으로 말아 접시에 담는다.

※ 생크림은 달걀과 섞어서 사용한다.

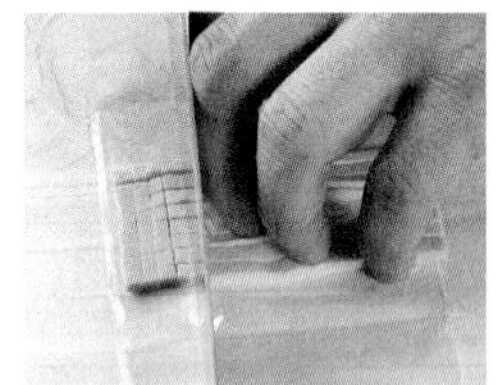

- 아침식사의 일종으로 달걀말이 속에 치즈를 잘게 썰어 오믈렛 모양을 만들기도 하고 달걀물과 섞어서 만들어 주기도 한다. 속재료 없이 만드는 것을 플레인(Plain) 오믈렛이라 한다.
- 속은 촉촉하되 달걀물이 흐르면 안 된다.

시험시간
20분

양식조리기능사 실기시험문제

Waldorf Salad
월도프샐러드

지급재료 목록

- 사과(200~250g 정도) 1개 • 셀러리 30g
- 호두 중(겉껍질 제거한 것) 2개
- 레몬 1/4개(길이(장축)로 등분) • 소금(정제염) 2g
- 흰후춧가루 1g
- 마요네즈 60g • 양상추 20g(2잎 정도, 잎상추로 대체 가능)
- 이쑤시개 1개

요구사항

주어진 재료를 사용하여 다음과 같이 월도프샐러드를 만드시오.

❶ 사과, 셀러리, 호두알을 사방 1cm 정도의 크기로 써시오.
❷ 사과의 껍질을 벗겨 변색되지 않게 하고, 호두알의 속껍질을 벗겨 사용하시오.
❸ 상추 위에 월도프샐러드를 담아내시오.

수검자 유의사항

❶ 만드는 순서에 유의하며, 위생과 숙련된 기능평가를 위하여 조리작업 시 맛을 보지 않습니다.
❷ 지정된 수험자지참준비물 이외의 조리기구나 재료를 시험장 내에 지참할 수 없습니다.
❸ 지급재료는 시험 전 확인하여 이상이 있을 경우 시험위원으로부터 조치를 받고 시험 중에는 재료의 교환 및 추가지급은 하지 않습니다.
❹ 요구사항의 규격은 "정도"의 의미를 포함하며, 지급된 재료의 크기에 따라 가감하여 채점합니다.
❺ 위생상태 및 안전관리 사항을 준수합니다.
❻ 다음 사항에 대해서는 **채점대상에서 제외하니** 특히 유의하시기 바랍니다.
가) 기권 - 수험자 본인이 시험 도중 시험에 대한 포기 의사를 표현하는 경우
나) 실격 - (1) 가스레인지 화구 2개 이상(2개 포함) 사용한 경우
(2) 불을 사용하여 만든 조리작품이 작품특성에 벗어나는 정도로 타거나 익지 않은 경우
(3) 시험 중 시설·장비(칼, 가스레인지 등) 사용 시 감독위원 및 타수험자의 시험 진행에 위협이 될 것으로 감독위원 전원이 합의하여 판단한 경우
다) 미완성 - (1) 시험시간 내에 과제 두 가지를 제출하지 못한 경우
(2) 문제의 요구사항대로 과제의 수량이 만들어지지 않은 경우
라) 오작 - (1) 구이를 찜으로 조리하는 등과 같이 조리방법을 다르게 한 경우
(2) 해당 과제의 지급재료 이외의 재료를 사용하거나 석쇠 등 요구사항의 조리도구를 사용하지 않은 경우
마) 요구사항에 표시된 실격, 미완성, 오작에 해당하는 경우
❼ 항목별 배점은 위생상태 및 안전관리 5점, 조리기술 30점, 작품의 평가 15점입니다.

만드는 법

❶ 호두는 미지근한 물에 불려 속껍질을 벗기고 1㎝ 정도의 주사위 모양으로 자른다.
❷ 셀러리도 껍질을 벗기고 1㎝ 정도의 주사위 모양으로 자른다.
❸ 사과의 껍질과 속을 제거하여 1cm 정도의 주사위 모양으로 자른 다음, 찬물에 담근 후 레몬즙을 뿌려 둔다.
❹ 마요네즈에 레몬즙을 섞어 위의 재료를 모두 넣어 버무린 후 접시에 양상추를 깔고 담는다.

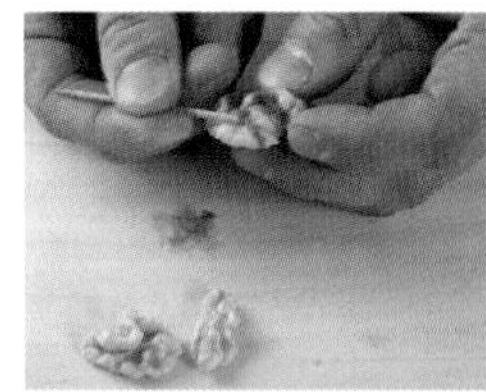

- 사과는 썰어 놓으면 변색이 되므로 변색이 되지 않도록 유념하여 조리한다.
- 호두는 미지근한 물에 불려야 껍질이 잘 벗겨진다.

시험시간 30분

양식조리기능사 실기시험문제

Potato Salad
포테이토샐러드

지급재료 목록

- 감자(150g 정도) 1개 • 양파 중(150g 정도) 1/6개
- 파슬리(잎, 줄기 포함) 1줄기 • 소금(정제염) 5g • 흰후춧가루 1g
- 마요네즈 50g

요구사항

주어진 재료를 사용하여 다음과 같이 포테이토샐러드를 만드시오.

❶ 감자는 껍질을 벗긴 후 1cm 정도의 정육면체로 썰어서 삶으시오.
❷ 양파는 곱게 다져 매운맛을 제거하시오.
❸ 파슬리는 다져서 사용하시오.

수검자 유의사항

❶ 만드는 순서에 유의하며, 위생과 숙련된 기능평가를 위하여 조리작업 시 맛을 보지 않습니다.
❷ 지정된 수험자지참준비물 이외의 조리기구나 재료를 시험장 내에 지참할 수 없습니다.
❸ 지급재료는 시험 전 확인하여 이상이 있을 경우 시험위원으로부터 조치를 받고 시험 중에는 재료의 교환 및 추가지급은 하지 않습니다.
❹ 요구사항의 규격은 "정도"의 의미를 포함하며, 지급된 재료의 크기에 따라 가감하여 채점합니다.
❺ 위생상태 및 안전관리 사항을 준수합니다.
❻ 다음 사항에 대해서는 **채점대상에서 제외하니** 특히 유의하시기 바랍니다.
가) 기권 - 수험자 본인이 시험 도중 시험에 대한 포기 의사를 표현하는 경우
나) 실격 - (1) 가스레인지 화구 2개 이상(2개 포함) 사용한 경우
(2) 불을 사용하여 만든 조리작품이 작품특성에 벗어나는 정도로 타거나 익지 않은 경우
(3) 시험 중 시설·장비(칼, 가스레인지 등) 사용 시 감독위원 및 타수험자의 시험 진행에 위협이 될 것으로 감독위원 전원이 합의하여 판단한 경우
다) 미완성 - (1) 시험시간 내에 과제 두 가지를 제출하지 못한 경우
(2) 문제의 요구사항대로 과제의 수량이 만들어지지 않은 경우
라) 오작 - (1) 구이를 찜으로 조리하는 등과 같이 조리방법을 다르게 한 경우
(2) 해당 과제의 지급재료 이외의 재료를 사용하거나 석쇠 등 요구사항의 조리도구를 사용하지 않은 경우
마) 요구사항에 표시된 실격, 미완성, 오작에 해당하는 경우
❼ 항목별 배점은 위생상태 및 안전관리 5점, 조리기술 30점, 작품의 평가 15점입니다.

만드는 법

❶ 감자는 껍질을 벗겨 1㎝ 정도의 주사위 모양으로 잘라 삶아서 건져 식힌다.
❷ 양파와 파슬리는 각각 곱게 다진 다음 소창에 싸서 물에 헹구어 물기를 짠다.
❸ 용기에 위의 재료를 넣고 마요네즈를 넣어 잘 섞어서 접시에 담는다.

※ 양상추가 나오면 장식으로 사용한다.
※ 파슬리 다진 것은 마요네즈와 섞어주기도 하고 위에 약간은 장식하기도 한다.

• 감자 샐러드는 원래 껍질째 찌거나 삶아서 껍질을 벗겨 1㎝의 정육면체로 썰어 사용해야 하지만 빠른 시간에 하기 위해서 껍질을 벗긴 후 썰어서 삶아지면 여분의 물기를 따라내고 30초 정도만 뚜껑을 닫아서 수분을 제거한 후 사용한다.

시험시간
30분

양식조리기능사 실기시험문제

Seafood Salad
해산물샐러드

지급재료 목록

- 새우 3마리(30~40g)
- 관자살(개당 50~60g 정도) 1개(해동지급)
- 피홍합(길이 7cm 이상) 3개
- 중합(지름 3cm 정도) 3개
- 양파 중(150g 정도) 1/4개
- 마늘 중(깐 것) 1쪽 • 실파 1뿌리(20g) • 그린치커리 2줄기 • 양상추 10g
- 롤라로사(lollo Rossa) 2잎(잎상추로 대체 가능) • 올리브오일 20ml
- 레몬 1/4개(길이(장축)로 등분) • 식초 10ml • 딜 2줄기(fresh) • 월계수잎 1잎
- 셀러리 10g • 흰통후추 3개(검은통후추 대체 가능) • 소금(정제염) 5g
- 흰후춧가루 5g • 당근 15g(둥근 모양이 유지되게 등분)

요구사항

주어진 재료를 사용하여 다음과 같이 해산물샐러드를 만드시오.

❶ 미르포아(mirepoix), 향신료, 레몬을 이용하여 쿠르부용(court bouillon)을 만드시오.
❷ 해산물은 손질하여 쿠르부용(court bouillon)에 데쳐 사용하시오
❸ 샐러드 채소는 깨끗이 손질하여 싱싱하게 하시오.
❹ 레몬 비네그레트는 양파, 레몬즙, 올리브오일 등을 사용하여 만드시오.

수검자 유의사항

❶ 만드는 순서에 유의하며, 위생과 숙련된 기능평가를 위하여 조리작업 시 맛을 보지 않습니다.
❷ 지정된 수험자지참준비물 이외의 조리기구나 재료를 시험장 내에 지참할 수 없습니다.
❸ 지급재료는 시험 전 확인하여 이상이 있을 경우 시험위원으로부터 조치를 받고 시험 중에는 재료의 교환 및 추가지급은 하지 않습니다.
❹ 요구사항의 규격은 "정도"의 의미를 포함하며, 지급된 재료의 크기에 따라 가감하여 채점합니다.
❺ 위생상태 및 안전관리 사항을 준수합니다.
❻ 다음 사항에 대해서는 **채점대상에서 제외하니** 특히 유의하시기 바랍니다.

가) 기권 - 수험자 본인이 시험 도중 시험에 대한 포기 의사를 표현하는 경우
나) 실격 - (1) 가스레인지 화구 2개 이상(2개 포함) 사용한 경우
(2) 불을 사용하여 만든 조리작품이 작품특성에 벗어나는 정도로 타거나 익지 않은 경우
(3) 시험 중 시설·장비(칼, 가스레인지 등) 사용 시 감독위원 및 타수험자의 시험 진행에 위협이 될 것으로 감독위원 전원이 합의하여 판단한 경우
다) 미완성 - (1) 시험시간 내에 과제 두 가지를 제출하지 못한 경우
(2) 문제의 요구사항대로 과제의 수량이 만들어지지 않은 경우
라) 오작 - (1) 구이를 찜으로 조리하는 등과 같이 조리방법을 다르게 한 경우
(2) 해당 과제의 지급재료 이외의 재료를 사용하거나 석쇠 등 요구사항의 조리도구를 사용하지 않은 경우
마) 요구사항에 표시된 실격, 미완성, 오작에 해당하는 경우

❼ 항목별 배점은 위생상태 및 안전관리 5점, 조리기술 30점, 작품의 평가 15점입니다.

만드는 법

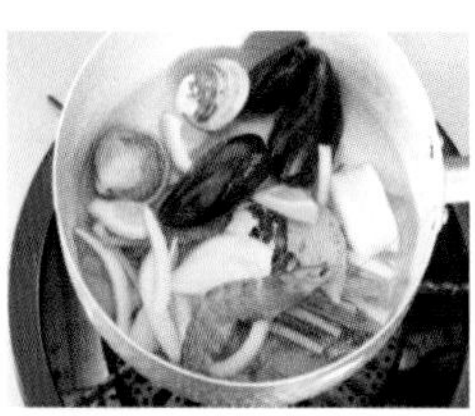

❶ 그린치커리, 롤라로사, 양상추, 그린 비타민을 깨끗하게 씻어서 물에 담가 놓는다.
❷ 쿠르부용 준비하기
마늘, 양파, 당근, 셀러리, 흰통후추, 소금, 딜 줄기, 월계수잎, 레몬, 물 300ml 정도를 넣고 냄비에서 끓인다.
❸ 관자는 껍질을 제거하고, 내장을 다듬어낸다. 냉동을 사용할 경우에는 손질이 거의 되어 있는 상태이기 때문에 그냥 사용해도 된다. 홍합은 껍데기에 붙어 있는 흡착이를 제거한다.
❹ 쿠르부용(채소육수)에 새우, 관자를 반쯤 잠기게 한 다음 먼저 데친다. 살짝 익힌 다음 꺼내서 식힌다. 그리고 피홍합과 중합을 데친다. 살짝 데쳐 익힌 다음 꺼내서 식힌다.
❺ 레몬 비네그레트 드레싱 준비하기
드레싱볼에 레몬즙을 넣고, 다진 마늘, 다진 딜, 식초, 소금, 후춧가루를 거품기로 저으면서 잘 섞은 다음, 올리브오일을 조금씩 천천히 부어주면서 거품기로 잘 섞이도록 혼합한다.
❻ 데친 관자, 새우는 적당한 크기로 3등분한다. 중합과 홍합에서 껍질을 제거한 다음 드레싱을 붓고 잘 버무린다.
❼ 채소 부케 만들기 : 롤라로사를 접시 위쪽에 놓고 양상추를 손으로 3~4cm 크기로 뜯어 위에 놓는다. 그 위에 그린 비타민, 그린치커리를 놓는다. 채소 위에 드레싱에 버무린 해산물샐러드를 놓는다.

시험시간 35분

양식조리기능사 실기시험문제

Caesar Salad
시저샐러드

지급재료 목록

- 달걀 60g 2개(상온에 보관한 것) • 디존 머스터드 10g • 레몬 1개
- 로메인 상추 50g • 마늘 1쪽 • 베이컨 15g • 엔초비 3개
- 올리브오일(extra virgin) 20ml • 카놀라오일 300ml • 슬라이스 식빵 1개
- 검은후춧가루 5g • 파미지아노 레기아노 20g(덩어리)
- 화이트와인식초 20ml • 소금 10g

요구사항

주어진 재료를 사용하여 다음과 같이 시저샐러드를 만드시오.

❶ 마요네즈(100g), 시저드레싱(100g), 시저샐러드(전량)를 만들어 3가지를 각각 별도의 그릇에 담아 제출하시오.
❷ 마요네즈(mayonnaise)는 달걀노른자, 카놀라오일, 레몬즙, 디존 머스터드, 화이트와인식초를 사용하여 만드시오.
❸ 시저드레싱(caesar dressing)은 마요네즈, 마늘, 앤초비, 검은후춧가루, 파미지아노 레기아노, 올리브오일, 디존 머스터드, 레몬즙을 사용하여 만드시오.
❹ 파미지아노 레기아노는 강판이나 채칼을 사용하시오.
❺ 시저샐러드(caesar salad)는 로메인 상추, 곁들임(크루통(1cm×1cm), 구운 베이컨(폭 0.5cm), 파미지아노 레기아노), 시저드레싱을 사용하여 만드시오.

수검자 유의사항

❶ 만드는 순서에 유의하며, 위생과 숙련된 기능평가를 위하여 조리작업 시 맛을 보지 않습니다.
❷ 지정된 수험자지참준비물 이외의 조리기구나 재료를 시험장 내에 지참할 수 없습니다.
❸ 지급재료는 시험 전 확인하여 이상이 있을 경우 시험위원으로부터 조치를 받고 시험 중에는 재료의 교환 및 추가지급은 하지 않습니다.
❹ 요구사항의 규격은 "정도"의 의미를 포함하며, 지급된 재료의 크기에 따라 가감하여 채점합니다.
❺ 위생상태 및 안전관리 사항을 준수합니다.
❻ 다음 사항에 대해서는 **채점대상에서 제외하니** 특히 유의하시기 바랍니다.
가) 기권 - 수험자 본인이 시험 도중 시험에 대한 포기 의사를 표현하는 경우
나) 실격 - (1) 가스레인지 화구 2개 이상(2개 포함) 사용한 경우
(2) 불을 사용하여 만든 조리작품이 작품특성에 벗어나는 정도로 타거나 익지 않은 경우
(3) 시험 중 시설·장비(칼, 가스레인지 등) 사용 시 감독위원 및 타수험자의 시험 진행에 위협이 될 것으로 감독위원 전원이 합의하여 판단한 경우
다) 미완성 - (1) 시험시간 내에 과제 두 가지를 제출하지 못한 경우
(2) 문제의 요구사항대로 과제의 수량이 만들어지지 않은 경우
라) 오작 - (1) 구이를 찜으로 조리하는 등과 같이 조리방법을 다르게 한 경우
(2) 해당 과제의 지급재료 이외의 재료를 사용하거나 석쇠 등 요구사항의 조리도구를 사용하지 않은 경우
마) 요구사항에 표시된 실격, 미완성, 오작에 해당하는 경우
❼ 항목별 배점은 위생상태 및 안전관리 5점, 조리기술 30점, 작품의 평가 15점입니다.

만드는 법

❶ 로메인 상추는 물에 담구어 준비한 후 수분을 제거하여 먹기 좋은 크기로 썰어서 준비한다.
❷ 마늘과 엔초비는 다져서 준비한다.
❸ 식빵은 사방 1cm로 썬 후 올리브오일을 뿌려 버무린 후 프라이팬에 넣어 갈색으로 크루통을 만든다.
❹ 베이컨은 1cm 크기로 잘라 놓은 후 프라이팬을 중불에 올려 베이컨을 볶아 바삭하게 만들어 키친타월에 올려 기름을 빼준다.
❺ 달걀은 흰자와 노른자를 분리한 후 볼에 달걀노른자 2개와 분량의 디존 머스터드와 레몬즙을 넣어 휘핑을 하고 카놀라오일을 나누어 한 방향으로 300ml를 넣어 휘핑을 한 후 화이트와인식초를 넣어 마요네즈를 완성한다.
❻ ⑤에서 완성된 마요네즈 100g을 제시하고 남은 마요네즈에 마늘, 엔초비, 검은후추를 넣어 시저드레싱을 완성한다.
❼ 볼에 시저드레싱과 먹기 좋은 크기로 썬 로메인 상추 그리고 크루통과 볶은 베이컨, 후추를 버무려 완성하여 그릇에 담고 파미지아노 레기아노를 갈아서 완성하여 제출한다.

시험시간
25분

양식조리기능사 실기시험문제

Hollandaise Sauce
홀랜다이즈 소스

지급재료 목록

- 달걀 2개 • 양파 중(150g 정도) 1/8개 • 식초 20ml
- 검은통후추 3개 • 버터(무염) 200g
- 레몬 1/4개(길이(장축)로 등분) • 월계수잎 1잎
- 파슬리(잎, 줄기 포함) 1줄기
- 소금(정제염) 2g • 흰후춧가루 1g

요구사항

주어진 재료를 사용하여 다음과 같이 홀랜다이즈 소스를 만드시오.

❶ 양파, 식초를 이용하여 허브에센스(herb essence)를 만들어 사용하시오.
❷ 정제 버터를 만들어 사용하시오.
❸ 소스는 중탕으로 만들어 굳지 않게 그릇에 담아내시오.
❹ 소스는 100ml 정도 제출하시오.

수검자 유의사항

❶ 만드는 순서에 유의하며, 위생과 숙련된 기능평가를 위하여 조리작업 시 맛을 보지 않습니다.
❷ 지정된 수험자지참준비물 이외의 조리기구나 재료를 시험장 내에 지참할 수 없습니다.
❸ 지급재료는 시험 전 확인하여 이상이 있을 경우 시험위원으로부터 조치를 받고 시험 중에는 재료의 교환 및 추가지급은 하지 않습니다.
❹ 요구사항의 규격은 "정도"의 의미를 포함하며, 지급된 재료의 크기에 따라 가감하여 채점합니다.
❺ 위생상태 및 안전관리 사항을 준수합니다.
❻ 다음 사항에 대해서는 **채점대상에서 제외하니** 특히 유의하시기 바랍니다.
가) 기권 - 수험자 본인이 시험 도중 시험에 대한 포기 의사를 표현하는 경우
나) 실격 - (1) 가스레인지 화구 2개 이상(2개 포함) 사용한 경우
(2) 불을 사용하여 만든 조리작품이 작품특성에 벗어나는 정도로 타거나 익지 않은 경우
(3) 시험 중 시설·장비(칼, 가스레인지 등) 사용 시 감독위원 및 타수험자의 시험 진행에 위협이 될 것으로 감독위원 전원이 합의하여 판단한 경우
다) 미완성 - (1) 시험시간 내에 과제 두 가지를 제출하지 못한 경우
(2) 문제의 요구사항대로 과제의 수량이 만들어지지 않은 경우
라) 오작 - (1) 구이를 찜으로 조리하는 등과 같이 조리방법을 다르게 한 경우
(2) 해당 과제의 지급재료 이외의 재료를 사용하거나 석쇠 등 요구사항의 조리도구를 사용하지 않은 경우
마) 요구사항에 표시된 실격, 미완성, 오작에 해당하는 경우
❼ 항목별 배점은 위생상태 및 안전관리 5점, 조리기술 30점, 작품의 평가 15점입니다.

만드는 법

❶ 버터를 용기에 담아 중탕으로 녹여 정제버터를 만든다.
❷ 냄비에 레몬 주스, 식초, 통후추, 월계수잎, 파슬리줄기를 넣고 반 정도 조려 거른다.
❸ 용기에 달걀 노른자를 넣고 레몬즙 1~2방울과 소금, 향신물을 약간 넣고, 마요네즈 만드는 것처럼 녹은 버터를 조금씩 넣어가며 젓는다.
❹ 레몬즙, 소금으로 맛을 조절하여 접시에 담아낸다.

※이 소스는 연어나 숭어, 넙치, 야채의 아스파라거스, 꽃양배추 등에 곁들여 제공한다.
※소스가 되직할 때에는 냄비에 양파, 타라곤, 파슬리나 페퍼콘을 넣어 끓인 물을 조금씩 넣어가며 젓는다.
※향채를 끓여 향신을 만들어 사용(양파, 통후추, 월계수, 정향, 물 $\frac{1}{4}$c, 식초 1Ts을 3Ts 되도록 끓인다.)

• 홀랜다이즈 소스는 주로 달걀요리나 생선요리에 사용한다.
• 달걀 노른자에 버터 중탕으로 녹인 것을 조금씩 넣어 마치 마요네즈를 만드는 것처럼 거품기로 쳐서 레몬즙과 향신료 주스를 조금 넣고 소금과 후추로 조미한 것이다.

시험시간
30분

양식조리기능사 실기시험문제

Brown Gravy Sauce
브라운그래비 소스

지급재료 목록

- 밀가루(중력분) 20g • 브라운 스톡 300ml(물로 대체 가능)
- 소금(정제염) 2g • 검은후춧가루 1g • 버터(무염) 30g
- 양파 중(150g 정도) 1/6개 • 셀러리 20g
- 당근 40g(둥근 모양이 유지되게 등분) • 토마토 페이스트 30g
- 월계수잎 1잎 • 정향 1개

요구사항

주어진 재료를 사용하여 다음과 같이 브라운그래비 소스를 만드시오.

❶ 브라운 루(Brown Roux)를 만들어 사용하시오.
❷ 소스의 양은 200ml 정도를 만드시오.

수검자 유의사항

❶ 만드는 순서에 유의하며, 위생과 숙련된 기능평가를 위하여 조리작업 시 맛을 보지 않습니다.
❷ 지정된 수험자지참준비물 이외의 조리기구나 재료를 시험장 내에 지참할 수 없습니다.
❸ 지급재료는 시험 전 확인하여 이상이 있을 경우 시험위원으로부터 조치를 받고 시험 중에는 재료의 교환 및 추가지급은 하지 않습니다.
❹ 요구사항의 규격은 "정도"의 의미를 포함하며, 지급된 재료의 크기에 따라 가감하여 채점합니다.
❺ 위생상태 및 안전관리 사항을 준수합니다.
❻ 다음 사항에 대해서는 **채점대상에서 제외하니** 특히 유의하시기 바랍니다.

가) 기권 - 수험자 본인이 시험 도중 시험에 대한 포기 의사를 표현하는 경우
나) 실격 - (1) 가스레인지 화구 2개 이상(2개 포함) 사용한 경우
(2) 불을 사용하여 만든 조리작품이 작품특성에 벗어나는 정도로 타거나 익지 않은 경우
(3) 시험 중 시설·장비(칼, 가스레인지 등) 사용 시 감독위원 및 타수험자의 시험 진행에 위협이 될 것으로 감독위원 전원이 합의하여 판단한 경우
다) 미완성 - (1) 시험시간 내에 과제 두 가지를 제출하지 못한 경우
(2) 문제의 요구사항대로 과제의 수량이 만들어지지 않은 경우
라) 오작 - (1) 구이를 찜으로 조리하는 등과 같이 조리방법을 다르게 한 경우
(2) 해당 과제의 지급재료 이외의 재료를 사용하거나 석쇠 등 요구사항의 조리도구를 사용하지 않은 경우
마) 요구사항에 표시된 실격, 미완성, 오작에 해당하는 경우

❼ 항목별 배점은 위생상태 및 안전관리 5점, 조리기술 30점, 작품의 평가 15점입니다.

만드는 법

❶ 양파, 셀러리, 당근은 채 썰어 버터에 색깔이 나도록 충분히 볶는다.
❷ 냄비에 버터를 넣고 가열하여 밀가루를 넣고 볶아서 브라운 루를 만든다.
❸ ②에 토마토 페이스트를 넣고 볶다가 육수를 붓고 볶은 야채를 넣어 충분히 끓여서 거른 후 소금, 후추로 맛을 조절하고 농도를 맞춘다.

※브라운 스톡(Brown stock)
소뼈를 갈색이 나도록 오븐구이나 프라이팬에서 구워준 후 야채 볶은 것과 함께 찬물을 부어 푹 끓여서 거품과 기름을 걷어내고 체에 거즈를 받쳐서 맑게 거른 국물이다.

- 그래비란 육즙을 뜻하는 것으로 육류를 철판에 로스트할 때 고이는 짙은 육수를 이용하여 만드는 소스를 그래비 소스라 한다.
- 버터를 녹이고 동량의 밀가루를 넣어 서서히 볶아야 브라운 루를 태우지 않고 볶을 수 있다.

시험시간
20분

양식조리기능사 실기시험문제

Thousand Island Dressing
사우전아일랜드 드레싱

지급재료 목록

- 마요네즈 70g • 오이피클(개당 25~30g짜리) 1/2개
- 양파 중(150g 정도) 1/6개 • 토마토케첩 20g • 소금(정제염) 2g
- 흰후춧가루 1g • 레몬 1/4개(길이(장축)로 등분) • 달걀 1개
- 청피망 중(75g 정도) 1/4개 • 식초 10ml

요구사항

주어진 재료를 사용하여 다음과 같이 사우전아일랜드 드레싱을 만드시오.

❶ 드레싱은 핑크빛이 되도록 하시오.
❷ 다지는 재료는 0.2cm 정도의 크기로 하시오.
❸ 드레싱은 농도를 잘 맞추어 100ml 정도 제출하시오.

수검자 유의사항

❶ 만드는 순서에 유의하며, 위생과 숙련된 기능평가를 위하여 조리작업 시 맛을 보지 않습니다.
❷ 지정된 수험자지참준비물 이외의 조리기구나 재료를 시험장 내에 지참할 수 없습니다.
❸ 지급재료는 시험 전 확인하여 이상이 있을 경우 시험위원으로부터 조치를 받고 시험 중에는 재료의 교환 및 추가지급은 하지 않습니다.
❹ 요구사항의 규격은 "정도"의 의미를 포함하며, 지급된 재료의 크기에 따라 가감하여 채점합니다.
❺ 위생상태 및 안전관리 사항을 준수합니다.
❻ 다음 사항에 대해서는 **채점대상에서 제외하니** 특히 유의하시기 바랍니다.
가) 기권 - 수험자 본인이 시험 도중 시험에 대한 포기 의사를 표현하는 경우
나) 실격 - (1) 가스레인지 화구 2개 이상(2개 포함) 사용한 경우
(2) 불을 사용하여 만든 조리작품이 작품특성에 벗어나는 정도로 타거나 익지 않은 경우
(3) 시험 중 시설·장비(칼, 가스레인지 등) 사용 시 감독위원 및 타수험자의 시험 진행에 위협이 될 것으로 감독위원 전원이 합의하여 판단한 경우
다) 미완성 - (1) 시험시간 내에 과제 두 가지를 제출하지 못한 경우
(2) 문제의 요구사항대로 과제의 수량이 만들어지지 않은 경우
라) 오작 - (1) 구이를 찜으로 조리하는 등과 같이 조리방법을 다르게 한 경우
(2) 해당 과제의 지급재료 이외의 재료를 사용하거나 석쇠 등 요구사항의 조리도구를 사용하지 않은 경우
마) 요구사항에 표시된 실격, 미완성, 오작에 해당하는 경우
❼ 항목별 배점은 위생상태 및 안전관리 5점, 조리기술 30점, 작품의 평가 15점입니다.

만드는 법

❶ 양파는 곱게 다져서 준비한다. (소금에 절여 물기를 제거한다.)
❷ 피클과 청피망을 곱게 다진다.
❸ 삶은 달걀은 노른자는 체에 내리고 흰자는 칼로 다진다.
❹ 용기에 마요네즈를 담고 위에 준비한 모든 재료를 넣어 토마토케첩과 함께 골고루 섞는다.

※ 소스의 색은 분홍빛이 되도록 한다.

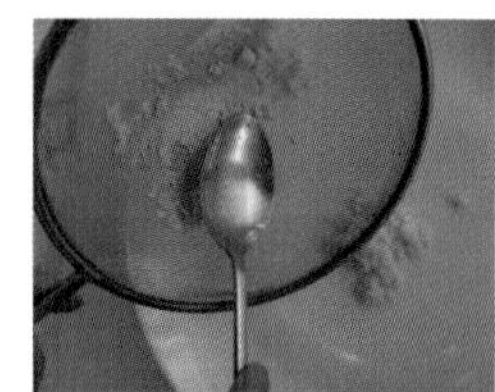

Key Point

- 마요네즈와 토마토케첩을 3:1로 섞은 것에 양파, 셀러리, 피클, 올리브, 피망, 파슬리, 삶은 달걀, 레몬 등 많은 것을 넣어서 만들었다고 표현하므로 Thousand Island Dressing이라 하였다.
- 주로 야채 샐러드용으로 많이 사용되며 속재료들을 너무 많이 넣지 않도록 한다.

※ 마요네즈 1컵이면 삶은 달걀 1/2개만 다져 넣어도 충분하다.

시험시간
30분

양식조리기능사 실기시험문제

Italian Meat Sauce
이탈리안미트소스

지급재료 목록

- 양파 중(150g 정도) 1/2개 • 소고기(살코기) 60g(갈은 것) • 마늘 중(깐 것) 1쪽
- 캔 토마토(고형물) 30g • 버터(무염) 10g • 토마토 페이스트 30g
- 월계수잎 1잎 • 파슬리(잎, 줄기 포함) 1줄기 • 소금(정제염) 2g
- 검은후춧가루 2g • 셀러리 30g

요구사항

주어진 재료를 사용하여 다음과 같이 이탈리안미트소스를 만드시오.

❶ 모든 재료는 다져서 사용하시오.
❷ 그릇에 담고 파슬리 다진 것을 뿌려내시오.
❸ 소스는 150ml 정도 제출하시오.

수검자 유의사항

❶ 만드는 순서에 유의하며, 위생과 숙련된 기능평가를 위하여 조리작업 시 맛을 보지 않습니다.
❷ 지정된 수험자지참준비물 이외의 조리기구나 재료를 시험장 내에 지참할 수 없습니다.
❸ 지급재료는 시험 전 확인하여 이상이 있을 경우 시험위원으로부터 조치를 받고 시험 중에는 재료의 교환 및 추가지급은 하지 않습니다.
❹ 요구사항의 규격은 "정도"의 의미를 포함하며, 지급된 재료의 크기에 따라 가감하여 채점합니다.
❺ 위생상태 및 안전관리 사항을 준수합니다.
❻ 다음 사항에 대해서는 **채점대상에서 제외하니** 특히 유의하시기 바랍니다.
가) 기권 - 수험자 본인이 시험 도중 시험에 대한 포기 의사를 표현하는 경우
나) 실격 - (1) 가스레인지 화구 2개 이상(2개 포함) 사용한 경우
(2) 불을 사용하여 만든 조리작품이 작품특성에 벗어나는 정도로 타거나 익지 않은 경우
(3) 시험 중 시설·장비(칼, 가스레인지 등) 사용 시 감독위원 및 타수험자의 시험 진행에 위협이 될 것으로 감독위원 전원이 합의하여 판단한 경우
다) 미완성 - (1) 시험시간 내에 과제 두 가지를 제출하지 못한 경우
(2) 문제의 요구사항대로 과제의 수량이 만들어지지 않은 경우
라) 오작 - (1) 구이를 찜으로 조리하는 등과 같이 조리방법을 다르게 한 경우
(2) 해당 과제의 지급재료 이외의 재료를 사용하거나 석쇠 등 요구사항의 조리도구를 사용하지 않은 경우
마) 요구사항에 표시된 실격, 미완성, 오작에 해당하는 경우
❼ 항목별 배점은 위생상태 및 안전관리 5점, 조리기술 30점, 작품의 평가 15점입니다.

만드는 법

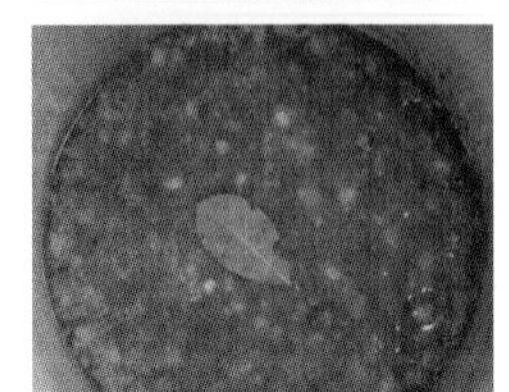

❶ 양파, 파슬리, 셀러리, 마늘, 캔 토마토를 적당한 크기로 다진다.
❷ 냄비에 버터를 넣고 가열하여 소고기, 마늘, 양파, 셀러리 다진 것 볶다가 토마토 페이스트를 넣고 좀더 볶는다.
❸ 다시 비프스톡, 토마토 다진 것, 월계수잎을 넣고 스톡이 거의 다 조려지도록 끓인다.
❹ 월계수잎은 건져내고 소금, 후추로 맛을 조절한 다음 접시에 담는다.
❺ 소스 위에 다진 파슬리 가루를 뿌린다.

• 이탈리안미트소스는 스파게티 요리에 곁들이는 고기소스이다.
• 토마토는 끓는 물에 데쳐 껍질을 벗긴다.
• 다진 재료를 볶을 때 수분이 빠져 나올 때까지 볶아준다.

시험시간
20분

양식조리기능사 실기시험문제

Tartar Sauce
타르타르 소스

지급재료 목록

- 마요네즈 70g • 오이피클(개당 25~30g짜리) 1/2개
- 양파 중(150g 정도) 1/10개 • 파슬리(잎, 줄기 포함) 1줄기
- 달걀 1개 • 소금(정제염) 2g • 흰후춧가루 2g
- 레몬(길이(장축)로 등분) 1/4개
- 식초 2ml

요구사항

주어진 재료를 사용하여 다음과 같이 타르타르 소스를 만드시오.

❶ 다지는 재료는 0.2cm 정도의 크기로 하고 파슬리는 줄기를 제거하여 사용하시오.

❷ 소스는 농도를 잘 맞추어 100ml 정도 제출하시오.

수검자 유의사항

❶ 만드는 순서에 유의하며, 위생과 숙련된 기능평가를 위하여 조리작업 시 맛을 보지 않습니다.

❷ 지정된 수험자지참준비물 이외의 조리기구나 재료를 시험장 내에 지참할 수 없습니다.

❸ 지급재료는 시험 전 확인하여 이상이 있을 경우 시험위원으로부터 조치를 받고 시험 중에는 재료의 교환 및 추가지급은 하지 않습니다.

❹ 요구사항의 규격은 "정도"의 의미를 포함하며, 지급된 재료의 크기에 따라 가감하여 채점합니다.

❺ 위생상태 및 안전관리 사항을 준수합니다.

❻ 다음 사항에 대해서는 **채점대상에서 제외하니** 특히 유의하시기 바랍니다.

가) 기권 - 수험자 본인이 시험 도중 시험에 대한 포기 의사를 표현하는 경우

나) 실격 - (1) 가스레인지 화구 2개 이상(2개 포함) 사용한 경우

(2) 불을 사용하여 만든 조리작품이 작품특성에 벗어나는 정도로 타거나 익지 않은 경우

(3) 시험 중 시설·장비(칼, 가스레인지 등) 사용 시 감독위원 및 타수험자의 시험 진행에 위협이 될 것으로 감독위원 전원이 합의하여 판단한 경우

다) 미완성 - (1) 시험시간 내에 과제 두 가지를 제출하지 못한 경우

(2) 문제의 요구사항대로 과제의 수량이 만들어지지 않은 경우

라) 오작 - (1) 구이를 찜으로 조리하는 등과 같이 조리방법을 다르게 한 경우

(2) 해당 과제의 지급재료 이외의 재료를 사용하거나 석쇠 등 요구사항의 조리도구를 사용하지 않은 경우

마) 요구사항에 표시된 실격, 미완성, 오작에 해당하는 경우

❼ 항목별 배점은 위생상태 및 안전관리 5점, 조리기술 30점, 작품의 평가 15점입니다.

만드는 법

❶ 피클 또는 오이피클, 양파, 파슬리를 각각 곱게 다진다.

❷ 삶은 달걀도 흰자, 노른자를 각각 곱게 다진다.

❸ 마요네즈에 ①, ②의 차례대로 재료를 모두 넣어 고루 섞어서 그릇에 담는다.

※파슬리 가루 만드는 법
파슬리를 곱게 다져 행주에 싼 다음 찬 냉수에 강한 맛을 우려내고 꼭 짜서 보슬보슬한 가루가 되게 한다.

※소스가 묽지 않도록 양파 다진 것은 소금 약간을 넣어 절인 후 거즈에 싸서 물기를 짠다.

• 타르타르 소스는 주로 생선요리에 사용되는 소스이다.
• 야채는 다져서 사용하므로 물기가 생기지 않도록 주의한다.

시험시간 **40분**

양식조리기능사 실기시험문제

Beef Consomme
비프 콘소메

지급재료 목록

- 소고기(살코기) 70g(갈은 것) • 양파 중(150g 정도) 1개
- 당근 40g(둥근 모양이 유지되게 등분) • 셀러리 30g
- 달걀 1개 • 소금(정제염) 2g • 검은후춧가루 2g • 검은통후추 1개
- 파슬리(잎, 줄기 포함) 1줄기 • 월계수잎 1잎 • 토마토 중(150g 정도) 1/4개
- 비프스톡(육수) 500ml(물로 대체 가능) • 정향 1개

요구사항

주어진 재료를 사용하여 다음과 같이 비프 콘소메를 만드시오.

❶ 어니언 브루리(onion brulee)를 만들어 사용하시오.
❷ 양파를 포함한 채소는 채 썰어 향신료, 소고기, 달걀 흰자 머랭과 함께 섞어 사용하시오.
❸ 수프는 맑고 갈색이 되도록 하여 200ml 정도 제출하시오.

수검자 유의사항

❶ 만드는 순서에 유의하며, 위생과 숙련된 기능평가를 위하여 조리작업 시 맛을 보지 않습니다.
❷ 지정된 수험자지참준비물 이외의 조리기구나 재료를 시험장 내에 지참할 수 없습니다.
❸ 지급재료는 시험 전 확인하여 이상이 있을 경우 시험위원으로부터 조치를 받고 시험 중에는 재료의 교환 및 추가지급은 하지 않습니다.
❹ 요구사항의 규격은 "정도"의 의미를 포함하며, 지급된 재료의 크기에 따라 가감하여 채점합니다.
❺ 위생상태 및 안전관리 사항을 준수합니다.
❻ 다음 사항에 대해서는 **채점대상에서 제외하니** 특히 유의하시기 바랍니다.
가) 기권 - 수험자 본인이 시험 도중 시험에 대한 포기 의사를 표현하는 경우
나) 실격 - (1) 가스레인지 화구 2개 이상(2개 포함) 사용한 경우
(2) 불을 사용하여 만든 조리작품이 작품특성에 벗어나는 정도로 타거나 익지 않은 경우
(3) 시험 중 시설·장비(칼, 가스레인지 등) 사용 시 감독위원 및 타수험자의 시험 진행에 위협이 될 것으로 감독위원 전원이 합의하여 판단한 경우
다) 미완성 - (1) 시험시간 내에 과제 두 가지를 제출하지 못한 경우
(2) 문제의 요구사항대로 과제의 수량이 만들어지지 않은 경우
라) 오작 - (1) 구이를 찜으로 조리하는 등과 같이 조리방법을 다르게 한 경우
(2) 해당 과제의 지급재료 이외의 재료를 사용하거나 석쇠 등 요구사항의 조리도구를 사용하지 않은 경우
마) 요구사항에 표시된 실격, 미완성, 오작에 해당하는 경우
❼ 항목별 배점은 위생상태 및 안전관리 5점, 조리기술 30점, 작품의 평가 15점입니다.

만드는 법

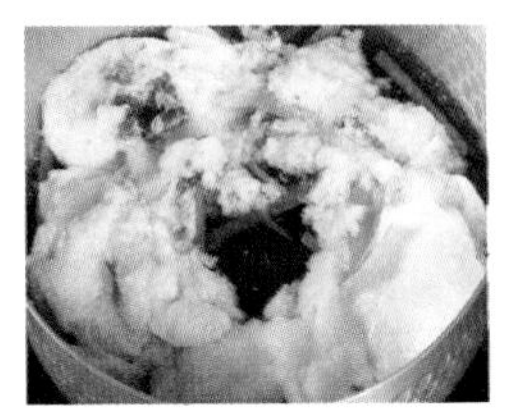

❶ 야채들을 잘게 채 썰어 준다. 이때 토마토는 껍질과 씨를 제거하고 굵게 다진다.
❷ 냄비에 채 썬 양파를 볶아서 갈색을 낸 뒤 물 600ml를 부어준다.
❸ 그릇에 소고기 잘게 썬 것과 야채 채를 썬 것, 토마토 잘게 썬 것을 담고 달걀 흰자 거품친 것을 섞어준다.
❹ ②의 브라운 스톡에 ③을 가만히 부어준 후 끓이기 시작한다. (이때 부케가르니도 넣어 준다.)
❺ 위에 뜬 재료를 가운데 구멍을 뚫어 잘 끓을 수 있게 해주면서 중불로 서서히 끓인다.
❻ 국물이 맑은 빛을 띠게 되면 소창에 걸러서 소금, 후추로 간을 한다.

• 소고기를 다지면 국물이 뿌옇게 되므로 다지듯 잘게 썬다.
• 흰자 거품을 내어 소고기나 야채를 가볍게 섞어 브라운 스톡에 붓고 약한 불에서 서서히 끓여 주는데 가운데 구멍을 약간 내어 잘 끓을 수 있도록 한다.
• 브라운 스톡이 없을 경우 우스터 소스 몇 방울을 떨어뜨려 연한 갈색이 되도록 한다.

시험시간
30분

양식조리기능사 실기시험문제

Fish Chowder Soup
피시차우더 수프

지급재료 목록

- 대구살 50g(해동지급) • 감자(150g 정도) 1/5개
- 베이컨(길이 25~30cm) 1/2조각 • 양파 중(150g 정도) 1/6개 • 셀러리 30g
- 버터(무염) 20g • 밀가루(중력분) 15g • 우유 200ml • 소금(정제염) 2g
- 흰후춧가루 2g • 정향 1개 • 월계수잎 1잎

요구사항

주어진 재료를 사용하여 다음과 같이 피시차우더 수프를 만드시오.

❶ 차우더 수프는 화이트 루(roux)를 이용하여 농도를 맞추시오.
❷ 채소는 0.7cm x 0.7cm x 0.1cm, 생선은 1cm x 1cm x 1cm 정도 크기로 써시오.
❸ 대구살을 이용하여 생선스톡을 만들어 사용하시오.
❹ 수프는 200ml 정도로 제출하시오.

수검자 유의사항

❶ 만드는 순서에 유의하며, 위생과 숙련된 기능평가를 위하여 조리작업 시 맛을 보지 않습니다.
❷ 지정된 수험자지참준비물 이외의 조리기구나 재료를 시험장 내에 지참할 수 없습니다.
❸ 지급재료는 시험 전 확인하여 이상이 있을 경우 시험위원으로부터 조치를 받고 시험 중에는 재료의 교환 및 추가지급은 하지 않습니다.
❹ 요구사항의 규격은 "정도"의 의미를 포함하며, 지급된 재료의 크기에 따라 가감하여 채점합니다.
❺ 위생상태 및 안전관리 사항을 준수합니다.
❻ 다음 사항에 대해서는 **채점대상에서 제외하니** 특히 유의하시기 바랍니다.
가) 기권 - 수험자 본인이 시험 도중 시험에 대한 포기 의사를 표현하는 경우
나) 실격 - (1) 가스레인지 화구 2개 이상(2개 포함) 사용한 경우
(2) 불을 사용하여 만든 조리작품이 작품특성에 벗어나는 정도로 타거나 익지 않은 경우
(3) 시험 중 시설·장비(칼, 가스레인지 등) 사용 시 감독위원 및 타수험자의 시험 진행에 위협이 될 것으로 감독위원 전원이 합의하여 판단한 경우
다) 미완성 - (1) 시험시간 내에 과제 두 가지를 제출하지 못한 경우
(2) 문제의 요구사항대로 과제의 수량이 만들어지지 않은 경우
라) 오작 - (1) 구이를 찜으로 조리하는 등과 같이 조리방법을 다르게 한 경우
(2) 해당 과제의 지급재료 이외의 재료를 사용하거나 석쇠 등 요구사항의 조리도구를 사용하지 않은 경우
마) 요구사항에 표시된 실격, 미완성, 오작에 해당하는 경우
❼ 항목별 배점은 위생상태 및 안전관리 5점, 조리기술 30점, 작품의 평가 15점입니다.

만드는 법

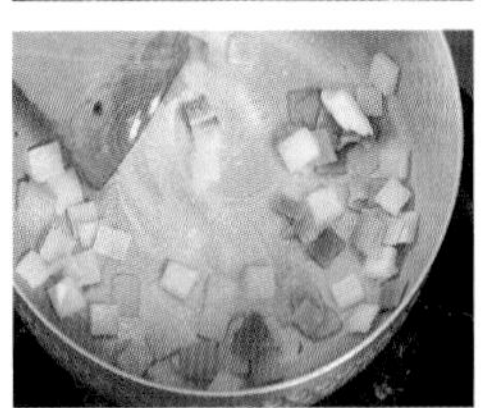

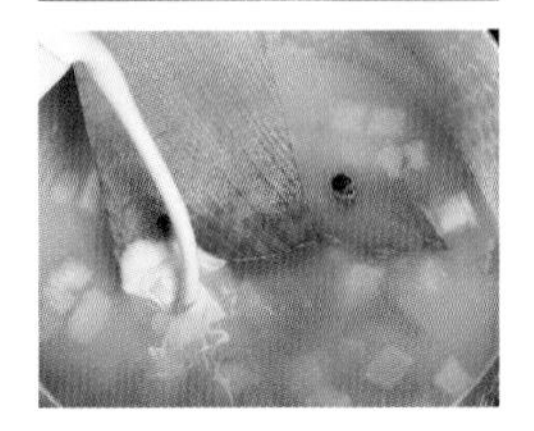

❶ 생선은 1cm 크기로 썰고, 물이 끓으면 생선살은 데쳐내고, 국물은 면보로 받힌 후 스톡으로 사용한다.
❷ 베이컨, 모든 야채는 사방 0.7㎝ 크기, 두께 0.1㎝로 썬다.
❸ 끓는 물에 감자를 살짝 익히고, 베이컨을 데쳐 기름을 뺀다.
❹ 냄비에 약간의 버터를 넣고 양파셀러리를 볶으면서, 화이트 루를 만든 후 피시스톡을 넣는다.
❺ ④의 수프 재료들이 끓기 시작하면 준비한 베이컨과 감자, 생선살을 넣고, 우유를 부어 농도를 맞추면서 소금, 흰후춧가루로 간을 한다.

※차우더(Chowder)는 원래 미국에서 생겨난 것으로, 미리 조리한 육류나 생선을 야채와 함께 생선 육수와 화이트 루를 넣어 걸쭉하게 끓인 수프이다.

Key Point

- 생선수프의 한 종류로 흰살생선을 삶아서 야채와 함께 생선 삶은 국물을 이용해서 화이트 루를 만들어 걸쭉하게 한 후 우유도 넣어 맛과 영양을 잘 살린 수프의 일종이다.
- 1인분의 수프는 200ml 즉, 1컵이다.

시험시간
30분

양식조리기능사 실기시험문제

French Onion Soup
프렌치어니언 수프

지급재료 목록

- 양파 중(150g 정도) 1개 • 바게트빵 1조각 • 버터(무염) 20g
- 소금(정제염) 2g • 검은후춧가루 1g • 파마산치즈가루 10g
- 백포도주 15ml • 마늘 중(깐 것) 1쪽 • 파슬리(잎, 줄기 포함) 1줄기
- 맑은 스톡(비프스톡 또는 콘소메) 270ml(물로 대체 가능)

요구사항

주어진 재료를 사용하여 다음과 같이 프렌치어니언 수프를 만드시오.

❶ 양파는 5㎝ 크기의 길이로 일정하게 써시오.
❷ 바게트빵에 마늘버터를 발라 구워서 따로 담아내시오.
❸ 완성된 수프의 양은 200ml 정도 제출하시오.

수검자 유의사항

❶ 만드는 순서에 유의하며, 위생과 숙련된 기능평가를 위하여 조리작업 시 맛을 보지 않습니다.
❷ 지정된 수험자지참준비물 이외의 조리기구나 재료를 시험장 내에 지참할 수 없습니다.
❸ 지급재료는 시험 전 확인하여 이상이 있을 경우 시험위원으로부터 조치를 받고 시험 중에는 재료의 교환 및 추가지급은 하지 않습니다.
❹ 요구사항의 규격은 "정도"의 의미를 포함하며, 지급된 재료의 크기에 따라 가감하여 채점합니다.
❺ 위생상태 및 안전관리 사항을 준수합니다.
❻ 다음 사항에 대해서는 **채점대상에서 제외하니** 특히 유의하시기 바랍니다.
가) 기권 - 수험자 본인이 시험 도중 시험에 대한 포기 의사를 표현하는 경우
나) 실격 - (1) 가스레인지 화구 2개 이상(2개 포함) 사용한 경우
(2) 불을 사용하여 만든 조리작품이 작품특성에 벗어나는 정도로 타거나 익지 않은 경우
(3) 시험 중 시설·장비(칼, 가스레인지 등) 사용 시 감독위원 및 타수험자의 시험 진행에 위협이 될 것으로 감독위원 전원이 합의하여 판단한 경우
다) 미완성 - (1) 시험시간 내에 과제 두 가지를 제출하지 못한 경우
(2) 문제의 요구사항대로 과제의 수량이 만들어지지 않은 경우
라) 오작 - (1) 구이를 찜으로 조리하는 등과 같이 조리방법을 다르게 한 경우
(2) 해당 과제의 지급재료 이외의 재료를 사용하거나 석쇠 등 요구사항의 조리도구를 사용하지 않은 경우
마) 요구사항에 표시된 실격, 미완성, 오작에 해당하는 경우
❼ 항목별 배점은 위생상태 및 안전관리 5점, 조리기술 30점, 작품의 평가 15점입니다.

만드는 법

❶ 양파는 5㎝ 길이로 채 썬다.
❷ 두터운 소스팬에 양파를 넣고 중불에서 갈색이 날 때까지 볶는다.
❸ 육수를 냄비에 붓고 갈색으로 볶은 양파와 백포도주를 넣고 끓이면서 떠오르는 불순물을 걷어내고 소금, 후추로 간을 한다.
❹ 바게트빵은 마늘, 파슬리 가루를 섞은 버터를 발라 구워 따로 담아낸다.
※콘소메 육수 미지급 시 물로 대체한다.

콘소메(Consomme)

❶ 고기와 모든 야채는 잘게 썬 후 통후추, 월계수잎, 달걀 흰자를 넣어 흰자가 거품이 나도록 잘 혼합한다.
❷ ①에 육수를 붓고 한소끔 끓인 다음 불을 아주 약하게 하여 30분 정도 끓인다. (불을 약하게 하여 잔잔하게 끓여야만 국물이 탁하지 않고 맑게 만들어진다.)
❸ ②의 재료를 고운체나 거즈에 걸러 맑은 콘소메 육수를 만든다.

- 양파는 약불에서 천천히 볶아야 타지 않게 갈색으로 볶을 수 있다.
- 끓일 때 약불에서 끓여 국물이 탁하지 않게 한다.
- 마늘빵은 제출 직전에 올려 담아낸다.

시험시간
30분

양식조리기능사 실기시험문제

Potato Cream Soup
포테이토 크림수프

지급재료 목록

- 감자(200g 정도) 1개 • 대파 1토막(흰부분 10cm) • 양파 중(150g 정도) 1/4개
- 버터(무염) 15g • 치킨스톡 270ml(물로 대체 가능)
- 생크림(조리용) 20ml • 식빵(샌드위치용) 1조각 • 소금(정제염) 2g
- 흰후춧가루 1g • 월계수잎 1잎

요구사항

주어진 재료를 사용하여 다음과 같이 포테이토 크림수프를 만드시오.

❶ 크루톤(crouton)의 크기는 사방 0.8cm~1cm 정도로 만들어 버터에 볶아 수프에 띄우시오.
❷ 익힌 감자는 체에 내려 사용하시오.
❸ 수프의 색과 농도에 유의하고 200ml 정도 제출하시오.

수검자 유의사항

❶ 만드는 순서에 유의하며, 위생과 숙련된 기능평가를 위하여 조리작업 시 맛을 보지 않습니다.
❷ 지정된 수험자지참준비물 이외의 조리기구나 재료를 시험장 내에 지참할 수 없습니다.
❸ 지급재료는 시험 전 확인하여 이상이 있을 경우 시험위원으로부터 조치를 받고 시험 중에는 재료의 교환 및 추가지급은 하지 않습니다.
❹ 요구사항의 규격은 "정도"의 의미를 포함하며, 지급된 재료의 크기에 따라 가감하여 채점합니다.
❺ 위생상태 및 안전관리 사항을 준수합니다.
❻ 다음 사항에 대해서는 **채점대상에서 제외하니** 특히 유의하시기 바랍니다.
가) 기권 - 수험자 본인이 시험 도중 시험에 대한 포기 의사를 표현하는 경우
나) 실격 - (1) 가스레인지 화구 2개 이상(2개 포함) 사용한 경우
(2) 불을 사용하여 만든 조리작품이 작품특성에 벗어나는 정도로 타거나 익지 않은 경우
(3) 시험 중 시설·장비(칼, 가스레인지 등) 사용 시 감독위원 및 타수험자의 시험 진행에 위협이 될 것으로 감독위원 전원이 합의하여 판단한 경우
다) 미완성 - (1) 시험시간 내에 과제 두 가지를 제출하지 못한 경우
(2) 문제의 요구사항대로 과제의 수량이 만들어지지 않은 경우
라) 오작 - (1) 구이를 찜으로 조리하는 등과 같이 조리방법을 다르게 한 경우
(2) 해당 과제의 지급재료 이외의 재료를 사용하거나 석쇠 등 요구사항의 조리도구를 사용하지 않은 경우
마) 요구사항에 표시된 실격, 미완성, 오작에 해당하는 경우
❼ 항목별 배점은 위생상태 및 안전관리 5점, 조리기술 30점, 작품의 평가 15점입니다.

만드는 법

❶ 식빵을 사방 1cm 크기로 썰어 프라이팬에서 갈색으로 구우면서(크루통) 껍질 벗긴 감자는 얇게 썬 후 물에 헹군다.
❷ 양파, 대파는 얇게 썰어서 냄비에 버터를 넣고 감자와 함께 볶아서 육수를 붓고 월계수잎을 넣어 뚜껑을 덮고 푹 끓인 다음 월계수잎은 건진다.
❸ 다른 냄비에 익힌 감자를 체에 내려 육수로 농도를 조절하면서 다시 한 번 끓인다.
❹ 생크림을 넣어 맛을 낸 후 잘 섞어준다.
❺ 소금, 후추로 간을 한 후 그릇에 담고 크루통을 얹어준다.

• 달걀 노른자는 불을 끄고 한김 나간 후에 넣어주어야 한다. 그렇지 않으면 익어서 수프가 깔끔하지 못하고 부드럽지도 않다.
• 크루통을 띄울 때 미리 얹으면 수분을 흡수하므로 크기가 커지고 수프의 농도가 되직해지며 양이 줄어들기 때문에 제출 직전에 띄워낸다.

시험시간
30분

양식조리기능사 실기시험문제

Minestrone Soup
미네스트로니 수프

지급재료 목록

- 양파 중(150g 정도) 1/4개
- 셀러리 30g • 당근 40g(둥근 모양이 유지되게 등분)
- 무 10g • 양배추 40g • 버터(무염) 5g • 스트링빈스 2줄기(냉동, 채두 대체 가능)
- 완두콩 5알 • 토마토 중(150g 정도) 1/8개 • 스파게티 2가닥
- 토마토 페이스트 15g • 파슬리(잎, 줄기 포함) 1줄기
- 베이컨(길이 25~30cm) 1/2조각 • 마늘 중(깐 것) 1쪽 • 소금(정제염) 2g
- 검은후춧가루 2g • 치킨스톡 200ml(물로 대체 가능)
- 월계수잎 1잎 • 정향 1개

요구사항

주어진 재료를 사용하여 다음과 같이 미네스트로니 수프를 만드시오.

❶ 채소는 사방 1.2cm, 두께 0.2cm 정도로 써시오.
❷ 스트링빈스, 스파게티는 1.2cm 정도의 길이로 써시오.
❸ 국물과 고형물의 비율을 3 : 1로 하시오.
❹ 전체 수프의 양은 200ml 정도로 하고 파슬리 가루를 뿌려내시오.

수검자 유의사항

❶ 만드는 순서에 유의하며, 위생과 숙련된 기능평가를 위하여 조리작업 시 맛을 보지 않습니다.
❷ 지정된 수험자지참준비물 이외의 조리기구나 재료를 시험장 내에 지참할 수 없습니다.
❸ 지급재료는 시험 전 확인하여 이상이 있을 경우 시험위원으로부터 조치를 받고 시험 중에는 재료의 교환 및 추가지급은 하지 않습니다.
❹ 요구사항의 규격은 "정도"의 의미를 포함하며, 지급된 재료의 크기에 따라 가감하여 채점합니다.
❺ 위생상태 및 안전관리 사항을 준수합니다.
❻ 다음 사항에 대해서는 **채점대상에서 제외하니** 특히 유의하시기 바랍니다.
가) 기권 - 수험자 본인이 시험 도중 시험에 대한 포기 의사를 표현하는 경우
나) 실격 - (1) 가스레인지 화구 2개 이상(2개 포함) 사용한 경우
(2) 불을 사용하여 만든 조리작품이 작품특성에 벗어나는 정도로 타거나 익지 않은 경우
(3) 시험 중 시설·장비(칼, 가스레인지 등) 사용 시 감독위원 및 타수험자의 시험 진행에 위협이 될 것으로 감독위원 전원이 합의하여 판단한 경우
다) 미완성 - (1) 시험시간 내에 과제 두 가지를 제출하지 못한 경우
(2) 문제의 요구사항대로 과제의 수량이 만들어지지 않은 경우
라) 오작 - (1) 구이를 찜으로 조리하는 등과 같이 조리방법을 다르게 한 경우
(2) 해당 과제의 지급재료 이외의 재료를 사용하거나 석쇠 등 요구사항의 조리도구를 사용하지 않은 경우
마) 요구사항에 표시된 실격, 미완성, 오작에 해당하는 경우
❼ 항목별 배점은 위생상태 및 안전관리 5점, 조리기술 30점, 작품의 평가 15점입니다.

만드는 법

❶ 야채는 가로세로 1.2㎝ 정도, 두께 0.2㎝ 정도로 썰어 놓는다.
❷ 베이컨은 데쳐서 기름기를 제거한다.
❸ 파슬리는 다지고 마늘은 납작하게 썬다.
❹ 스파게티는 1.2㎝ 길이로 썬다.
❺ 냄비에 버터를 넣고 가열하여 단단한 야채부터 순서로 넣어 볶은 다음, 토마토 페이스트를 넣고 3~4분 더 볶다가 화이트 스톡을 넣고 토마토와 마늘, 부케가르니를 넣어 끓이다가 스파게티를 넣고 10분간 더 끓인다.
❻ 소금, 후추를 넣어 간을 맞춘 후 부케가르니를 건져내고 수프를 그릇에 담은 다음, 파슬리 다진 것을 위에 살짝 뿌린다.

Key Point

- 이태리 수프의 한 종류로 야채 수프와 거의 같으며 다른 점은 제일 나중에 파스타(스파게티 국수)를 삶아서 넣어주는데 극히 적은 양이다.
- 파스타는 끓는 물에 식용유 약간과 소금을 넣어 15분 정도 삶아서 냉수에 헹구지 말고 그대로 체에 걸러 사용한다.
- 파스타 양이 적을 경우는 수프가 거의 끓어갈 때 1.2㎝로 잘라 넣어 끓이기도 한다.

시험시간 30분

양식조리기능사 실기시험문제

Shrimp Canape
쉬림프카나페

지급재료 목록

- 새우 4마리(30~40g)
- 식빵(샌드위치용) 1조각(제조일로부터 하루 경과한 것)
- 달걀 1개 • 파슬리(잎, 줄기 포함) 1줄기 • 버터(무염) 30g
- 토마토케첩 10g • 소금(정제염) 5g • 흰후춧가루 2g
- 레몬 1/8개(길이(장축)로 등분) • 이쑤시개 1개
- 당근 15g(둥근 모양이 유지되게 등분) • 셀러리 15g
- 양파 중(150g 정도) 1/8개

요구사항

주어진 재료를 사용하여 다음과 같이 쉬림프카나페를 만드시오.

❶ 새우는 내장을 제거한 후 미르포아(Mirepoix)를 넣고 삶아서 껍질을 제거하시오.

❷ 달걀은 완숙으로 삶아 사용하시오.

❸ 식빵은 직경 4cm 정도의 원형으로 하고, 쉬림프카나페는 4개 제출하시오.

수검자 유의사항

❶ 만드는 순서에 유의하며, 위생과 숙련된 기능평가를 위하여 조리작업 시 맛을 보지 않습니다.

❷ 지정된 수험자지참준비물 이외의 조리기구나 재료를 시험장 내에 지참할 수 없습니다.

❸ 지급재료는 시험 전 확인하여 이상이 있을 경우 시험위원으로부터 조치를 받고 시험 중에는 재료의 교환 및 추가지급은 하지 않습니다.

❹ 요구사항의 규격은 "정도"의 의미를 포함하며, 지급된 재료의 크기에 따라 가감하여 채점합니다.

❺ 위생상태 및 안전관리 사항을 준수합니다.

❻ 다음 사항에 대해서는 **채점대상에서 제외하니** 특히 유의하시기 바랍니다.

가) 기권 - 수험자 본인이 시험 도중 시험에 대한 포기 의사를 표현하는 경우

나) 실격 - (1) 가스레인지 화구 2개 이상(2개 포함) 사용한 경우

(2) 불을 사용하여 만든 조리작품이 작품특성에 벗어나는 정도로 타거나 익지 않은 경우

(3) 시험 중 시설·장비(칼, 가스레인지 등) 사용 시 감독위원 및 타수험자의 시험 진행에 위협이 될 것으로 감독위원 전원이 합의하여 판단한 경우

다) 미완성 - (1) 시험시간 내에 과제 두 가지를 제출하지 못한 경우

(2) 문제의 요구사항대로 과제의 수량이 만들어지지 않은 경우

라) 오작 - (1) 구이를 찜으로 조리하는 등과 같이 조리방법을 다르게 한 경우

(2) 해당 과제의 지급재료 이외의 재료를 사용하거나 석쇠 등 요구사항의 조리도구를 사용하지 않은 경우

마) 요구사항에 표시된 실격, 미완성, 오작에 해당하는 경우

❼ 항목별 배점은 위생상태 및 안전관리 5점, 조리기술 30점, 작품의 평가 15점입니다.

만드는 법

❶ 새우를 깨끗이 씻어 내장을 제거 후 끓는 물에 미르포아(양파, 당근, 셀러리)를 넣고 익혀 식으면 껍질과 꼬리를 제거한다.

❷ 빵을 칼로 원형으로 잘라 버터를 약간 두르고 토스트한다.

❸ 달걀은 굴려 삶아 노른자가 중심에 오도록 하고 껍질을 벗긴 후 칼로 잘라서 준비한다.

❹ 빵의 한 면에 버터를 바르고 달걀을 놓은 뒤 손질한 새우를 얹고 케첩, 레몬, 소금, 흰 후춧가루로 소스를 만들어 위에 토핑하고 파슬리를 작게 잘라 장식하여 접시에 담는다.

※새우가 작을 때는 2~3마리를 포개어 사용할 수도 있고, 크면 갈라서 사용할 수도 있다.

Key Point

• 카나페는 애피타이저(Appetizer)라고도 하며 원래는 식전에 식욕을 돋우기 위한 음식이지만 간단한 칵테일파티에 술안주용으로도 사용된다.

• 식빵은 원형 틀이 없을 경우 네모나게 썬 것을 가장자리를 잘 정리해서 둥글게 만든다.

• 새우를 데칠 때는 등쪽의 내장을 제거한 후 끓는 물에 미르포아(향채, mirepoix)를 넣고 끓여야 비린 냄새가 나지 않는다.

시험시간
40분

양식조리기능사 실기시험문제

Smoked Salmon Roll with Vegetables
채소로 속을 채운 훈제연어롤

지급재료 목록

- 훈제연어 150g(균일한 두께와 크기로 지급) • 당근 40g(길이방향으로 자른 모양으로 지급) • 셀러리 15g • 무 15g • 홍피망 중(75g 정도) 1/8개(길이로 잘라서)
- 청피망 중(75g 정도) 1/8개(길이로 잘라서) • 양파 중(150g 정도) 1/8개
- 겨자무(홀스래디시) 10g • 양상추 15g • 레몬 1/4개(길이(장축)로 등분)
- 생크림조리용 50ml • 파슬리(잎, 줄기 포함) 1줄기 • 소금(정제염) 5g
- 흰후춧가루 5g • 케이퍼 6개

※ **지참준비물 추가 :** 연어나이프(필요 시 지참, 일반조리용 칼 대체 가능)

요구사항

주어진 재료를 사용하여 다음과 같이 훈제연어롤을 만드시오.

① 주어진 훈제연어를 슬라이스하여 사용하시오.
② 당근, 셀러리, 무, 홍피망, 청피망을 0.3cm 정도의 두께로 채 써시오.
③ 채소로 속을 채워 롤을 만드시오.
④ 롤을 만든 뒤 일정한 크기로 6등분하여 제출하시오.
⑤ 생크림, 겨자무(홀스래디시), 레몬즙을 이용하여 만든 홀스래디시 크림, 케이퍼, 레몬웨지, 양파, 파슬리를 곁들이시오.

수검자 유의사항

❶ 만드는 순서에 유의하며, 위생과 숙련된 기능평가를 위하여 조리작업 시 맛을 보지 않습니다.
❷ 지정된 수험자지참준비물 이외의 조리기구나 재료를 시험장 내에 지참할 수 없습니다.
❸ 지급재료는 시험 전 확인하여 이상이 있을 경우 시험위원으로부터 조치를 받고 시험 중에는 재료의 교환 및 추가지급은 하지 않습니다.
❹ 요구사항의 규격은 "정도"의 의미를 포함하며, 지급된 재료의 크기에 따라 가감하여 채점합니다.
❺ 위생상태 및 안전관리 사항을 준수합니다.
❻ 다음 사항에 대해서는 **채점대상에서 제외하니** 특히 유의하시기 바랍니다.
가) 기권 - 수험자 본인이 시험 도중 시험에 대한 포기 의사를 표현하는 경우
나) 실격 - (1) 가스레인지 화구 2개 이상(2개 포함) 사용한 경우
(2) 불을 사용하여 만든 조리작품이 작품특성에 벗어나는 정도로 타거나 익지 않은 경우
(3) 시험 중 시설·장비(칼, 가스레인지 등) 사용 시 감독위원 및 타수험자의 시험 진행에 위협이 될 것으로 감독위원 전원이 합의하여 판단한 경우
다) 미완성 - (1) 시험시간 내에 과제 두 가지를 제출하지 못한 경우
(2) 문제의 요구사항대로 과제의 수량이 만들어지지 않은 경우
라) 오작 - (1) 구이를 찜으로 조리하는 등과 같이 조리방법을 다르게 한 경우
(2) 해당 과제의 지급재료 이외의 재료를 사용하거나 석쇠 등 요구사항의 조리도구를 사용하지 않은 경우
마) 요구사항에 표시된 실격, 미완성, 오작에 해당하는 경우
❼ 항목별 배점은 위생상태 및 안전관리 5점, 조리기술 30점, 작품의 평가 15점입니다.

만드는 법

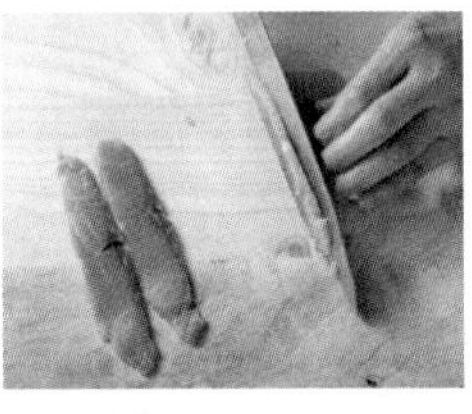

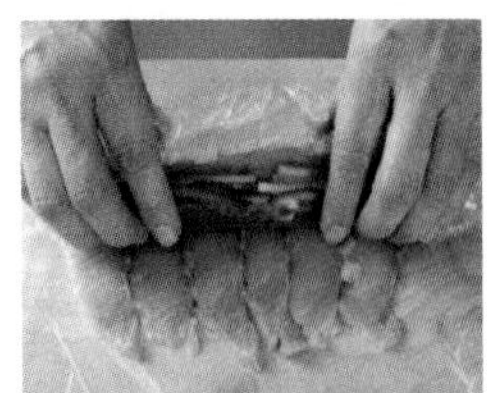

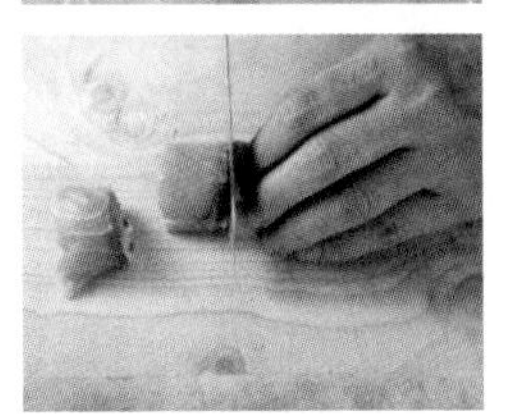

❶ 당근, 셀러리, 무, 홍피망, 청피망을 0.3cm 채썰기(Julline)로 썬다.
❷ 양파는 다지기(chop)를 한다.
❸ 겨자무(horseradish)를 거름기에 부어 국물을 빼낸다.
생크림을 믹싱볼에서 거품기를 이용하여 거품을 낸 후, 홀스래디시, 레몬주스, 소금, 흰후춧가루를 넣고 섞는다.
❹ 길이 40cm 정도의 비닐을 깐 다음, 그 위에 얇게 슬라이스한 훈제연어를 세로로 넓게 깐다. (훈제연어는 가로로 넓게 슬라이스하는 것이 좋다.) 그 위에 채 썬 당근, 셀러리, 무, 홍피망, 청피망에 흰후춧가루를 살짝 뿌린 다음, 가로(김밥 내용물을 놓는 형태)로 놓고 비닐을 동그랗게 말아준다. 내용물이 새지 않도록, 연어 슬라이스가 터지지 않도록 주의하며 단단히 말아준다.
❺ 길쭉한 김밥 모양의 형태가 되면 6등분한다.
❻ 접시 담기
접시 윗부분에 양상추를 놓고 연어 6등분을 반원 형태로 담는다. 빈 공간에 다진 양파 1Ts, 홀스래디시 크림 1Ts, 케이퍼 1Ts을 놓고, 파슬리 줄기로 장식한 후 길게 썬 레몬을 기대어 세워 놓아 장식한다.

시험시간
30분

양식조리기능사 실기시험문제

Tuna Tartar with Salad Bouquet and Vegetable Vinaigrette

샐러드 부케를 곁들인 참치타르타르와 채소 비네그레트

지급재료 목록

- 붉은색 참치살 80g(냉동지급)
- 양파 중(150g 정도) 1/8개
- 그린올리브 2개 • 케이퍼 5개
- 올리브오일 25ml • 레몬 1/4개(길이(장축)로 등분)
- 핫소스 5ml • 처빌 2줄기(fresh) • 소금(꽃소금) 5g • 흰후춧가루 3g
- 차이브 5줄기(fresh(실파로 대체 가능))
- 롤라로사(lollo rossa) 2잎(잎상추로 대체 가능) • 그린치커리 2줄기(fresh)
- 붉은색 파프리카(5~6cm 정도 길이, 150g 정도) 1/4개
- 노란색 파프리카(5~6cm 정도 길이, 150g 정도) 1/8개
- 오이(가늘고 곧은 것, 20cm 정도, 길이로 반을 갈라 10등분) 1/10개
- 파슬리(잎, 줄기 포함) 1줄기 • 딜 3줄기(fresh) • 식초 10ml

※ **지참준비물 추가**

- 테이블스푼 2개(퀜넬용, 머릿부분 가로 6cm, 세로(폭) 3.5~4cm 정도)

요구사항

주어진 재료를 사용하여 다음과 같이 샐러드 부케를 곁들인 참치타르타르와 채소 비네그레트를 만드시오.

❶ 참치는 꽃소금을 사용하여 해동하고, 3~4mm 정도의 작은 주사위 모양으로 썰어 양파, 그린올리브, 케이퍼, 처빌 등을 이용하여 타르타르를 만드시오

❷ 채소를 이용하여 샐러드 부케를 만드시오.

❸ 참치타르타르는 테이블스푼 2개를 사용하여 퀜넬(quenelle) 형태로 3개를 만드시오.

❹ 비네그레트는 양파 붉은색과 노란색의 파프리카, 오이를 가로세로 2mm 정도의 작은 주사위 모양으로 썰어서 사용하고 파슬리와 딜은 다져서 사용하시오.

수검자 유의사항

❶ 만드는 순서에 유의하며, 위생과 숙련된 기능평가를 위하여 조리작업 시 맛을 보지 않습니다.

❷ 지정된 수험자지참준비물 이외의 조리기구나 재료를 시험장 내에 지참할 수 없습니다.

❸ 지급재료는 시험 전 확인하여 이상이 있을 경우 시험위원으로부터 조치를 받고 시험 중에는 재료의 교환 및 추가지급은 하지 않습니다.

❹ 요구사항의 규격은 "정도"의 의미를 포함하며, 지급된 재료의 크기에 따라 가감하여 채점합니다.

❺ 위생상태 및 안전관리 사항을 준수합니다.

❻ 다음 사항에 대해서는 **채점대상에서 제외하니** 특히 유의하시기 바랍니다.

가) 기권 - 수험자 본인이 시험 도중 시험에 대한 포기 의사를 표현하는 경우

나) 실격 - (1) 가스레인지 화구 2개 이상(2개 포함) 사용한 경우
(2) 불을 사용하여 만든 조리작품이 작품특성에 벗어나는 정도로 타거나 익지 않은 경우
(3) 시험 중 시설·장비(칼, 가스레인지 등) 사용 시 감독위원 및 타수험자의 시험 진행에 위협이 될 것으로 감독위원 전원이 합의하여 판단한 경우

다) 미완성 - (1) 시험시간 내에 과제 두 가지를 제출하지 못한 경우
(2) 문제의 요구사항대로 과제의 수량이 만들어지지 않은 경우

라) 오작 - (1) 구이를 찜으로 조리하는 등과 같이 조리방법을 다르게 한 경우
(2) 해당 과제의 지급재료 이외의 재료를 사용하거나 석쇠 등 요구사항의 조리도구를 사용하지 않은 경우

마) 요구사항에 표시된 실격, 미완성, 오작에 해당하는 경우

❼ 항목별 배점은 위생상태 및 안전관리 5점, 조리기술 30점, 작품의 평가 15점입니다.

만드는 법

❶ 냉동참치는 옅은 소금물에 해동시킨 후 키친타월에 감싸서 수분을 제거한다.

❷ ①의 해동과정 중에 채소를 깨끗하게 씻어서 물에 담가 놓는다.

❸ 참치는 다이스 형태(4mm)로 썰어 다진 양파, 다진 케이퍼, 레몬주스, 다진 올리브, 올리브오일, 핫소스, 소금, 후춧가루를 넣고 고르게 버무려 섞는다.

❹ 비네그레트 드레싱 만들기 : 양파, 노란색 파프리카, 붉은색 파프리카, 오이를 2mm 다이스 모양으로 썰고, 둥근 볼에 소금, 후추, 식초, 다진 딜과 파슬리를 넣고 잘 섞은 다음 올리브오일을 서서히 부어주면서 거품기로 잘 혼합해준다.

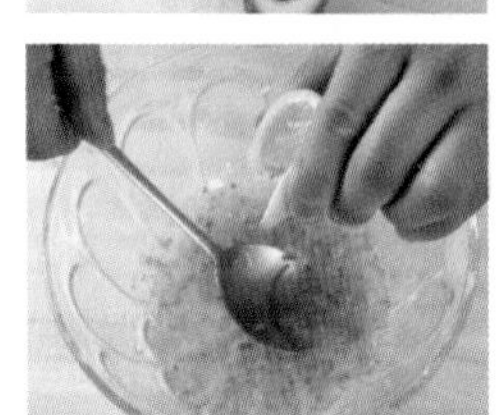

❺ 양념에 절여놓은 참치는 테이블스푼 2개를 이용하여 둥그런 타원형 모양을 만든다. 처음 스푼 위에 참치 양념을 얹고, 다른 스푼으로 동그랗게 눌러가며 작은 타원형을 만들면서 스푼 자국이 안 남도록 만들어 낸다.

❻ 채소 부케 만들기 : ④에 씻어 놓은 채소를 이용하여 채소 부케를 만든다. 채소의 물기를 제거한 다음, 붉은색 파프리카는 5~6cm 크기의 채로 썰고, 붉은색 파프리카와 그린 비타민, 그린 치커리, 롤라로사로 감싸준다. 이때, 그냥 놓으면 흩어지기 때문에 끓는 물에 데쳐낸 차이브(실파)를 이용하여 동그랗게 묶어준다. (오이로 기둥을 만들어서 데코해도 됨)

❼ 그릇에 담기 : 그릇에 퀜넬 모양의 참치 3개를 접시에 둥그렇게 담고 중간지점에 채소 부케(채소다발)를 놓는다. 참치 퀜넬 주변으로 채소 비네그레트 드레싱을 빙 둘러서 뿌린다. 부케 옆에 남아있는 딜과 처빌을 놓아 장식한다.

시험시간
30분

양식조리기능사 실기시험문제

Bacon, Lettuce, Tomato Sandwich
베이컨, 레터스, 토마토 샌드위치

지급재료 목록

- 식빵(샌드위치용) 3조각 • 양상추 20g(2잎 정도, 잎상추로 대체 가능)
- 토마토 중(150g 정도) 1/2개(둥근 모양이 되도록 잘라서 지급)
- 베이컨(길이 25~30cm) 2조각 • 마요네즈 30g • 소금(정제염) 3g
- 검은후춧가루 1g

요구사항

주어진 재료를 사용하여 다음과 같이 베이컨, 레터스, 토마토 샌드위치를 만드시오.

❶ 빵은 구워서 사용하시오.
❷ 토마토는 0.5cm 정도의 두께로 썰고, 베이컨은 구워서 사용하시오.
❸ 완성품은 모양 있게 썰어 전량을 제출하시오.

수검자 유의사항

❶ 만드는 순서에 유의하며, 위생과 숙련된 기능평가를 위하여 조리작업 시 맛을 보지 않습니다.
❷ 지정된 수험자지참준비물 이외의 조리기구나 재료를 시험장 내에 지참할 수 없습니다.
❸ 지급재료는 시험 전 확인하여 이상이 있을 경우 시험위원으로부터 조치를 받고 시험 중에는 재료의 교환 및 추가지급은 하지 않습니다.
❹ 요구사항의 규격은 "정도"의 의미를 포함하며, 지급된 재료의 크기에 따라 가감하여 채점합니다.
❺ 위생상태 및 안전관리 사항을 준수합니다.
❻ 다음 사항에 대해서는 **채점대상에서 제외하니** 특히 유의하시기 바랍니다.

가) 기권 - 수험자 본인이 시험 도중 시험에 대한 포기 의사를 표현하는 경우
나) 실격 - (1) 가스레인지 화구 2개 이상(2개 포함) 사용한 경우
(2) 불을 사용하여 만든 조리작품이 작품특성에 벗어나는 정도로 타거나 익지 않은 경우
(3) 시험 중 시설·장비(칼, 가스레인지 등) 사용 시 감독위원 및 타수험자의 시험 진행에 위협이 될 것으로 감독위원 전원이 합의하여 판단한 경우
다) 미완성 - (1) 시험시간 내에 과제 두 가지를 제출하지 못한 경우
(2) 문제의 요구사항대로 과제의 수량이 만들어지지 않은 경우
라) 오작 - (1) 구이를 찜으로 조리하는 등과 같이 조리방법을 다르게 한 경우
(2) 해당 과제의 지급재료 이외의 재료를 사용하거나 석쇠 등 요구사항의 조리도구를 사용하지 않은 경우
마) 요구사항에 표시된 실격, 미완성, 오작에 해당하는 경우

❼ 항목별 배점은 위생상태 및 안전관리 5점, 조리기술 30점, 작품의 평가 15점입니다.

만드는 법

❶ 빵을 토스트한다. (프라이팬에 빵의 양면을 노릇하게 구워 식힌다.)
❷ 베이컨은 프라이팬에 살짝 굽고 토마토는 원형으로 슬라이스해서 약간의 소금을 뿌려 둔다.
❸ 빵 한쪽의 한 면에 버터를 바른 다음 양상추를 얹고 그 위에 베이컨을 얹는다. 양면에 버터 바른 빵 한쪽을 베이컨 위에 얹고 양상추, 토마토를 얹은 다음, 한 면에 버터를 바른 빵 한쪽을 덮은 뒤 잠시 살짝 눌렀다가 네 면의 가장자리를 잘라내고 모양 있게 잘라 접시에 담는다.

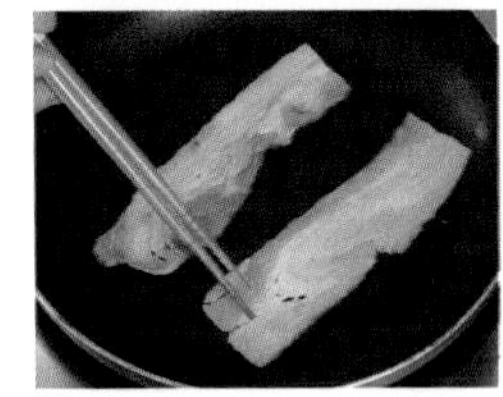

- 식빵은 팬에 기름을 두르지 않고 토스트한다.
- 샌드위치를 썰 때 빵이 눌리지 않도록 가장자리를 잡고 3~4조각으로 썰어준다.

시험시간 30분

양식조리기능사 실기시험문제

Hamburger Sandwich
햄버거 샌드위치

지급재료 목록

- 소고기(살코기, 방심) 100g • 양파 중(150g 정도) 1개
- 빵가루(마른 것) 30g • 셀러리 30g • 소금(정제염) 3g
- 검은후춧가루 1g • 양상추 20g
- 토마토 중(150g 정도) 1/2개(둥근 모양이 되도록 잘라서 지급)
- 버터(무염) 15g • 햄버거 빵 1개 • 식용유 20ml • 달걀 1개

요구사항

주어진 재료를 사용하여 다음과 같이 햄버거 샌드위치를 만드시오.

❶ 빵은 버터를 발라 구워서 사용하시오.
❷ 구워진 고기의 두께는 1cm 정도로 하시오.
❸ 토마토, 양파는 0.5cm 정도의 두께로 썰고 양상추는 빵 크기에 맞추시오.
❹ 샌드위치는 반으로 잘라내시오.

수검자 유의사항

❶ 만드는 순서에 유의하며, 위생과 숙련된 기능평가를 위하여 조리작업 시 맛을 보지 않습니다.
❷ 지정된 수험자지참준비물 이외의 조리기구나 재료를 시험장 내에 지참할 수 없습니다.
❸ 지급재료는 시험 전 확인하여 이상이 있을 경우 시험위원으로부터 조치를 받고 시험 중에는 재료의 교환 및 추가지급은 하지 않습니다.
❹ 요구사항의 규격은 "정도"의 의미를 포함하며, 지급된 재료의 크기에 따라 가감하여 채점합니다.
❺ 위생상태 및 안전관리 사항을 준수합니다.
❻ 다음 사항에 대해서는 **채점대상에서 제외하니** 특히 유의하시기 바랍니다.
가) 기권 - 수험자 본인이 시험 도중 시험에 대한 포기 의사를 표현하는 경우
나) 실격 - (1) 가스레인지 화구 2개 이상(2개 포함) 사용한 경우
(2) 불을 사용하여 만든 조리작품이 작품특성에 벗어나는 정도로 타거나 익지 않은 경우
(3) 시험 중 시설·장비(칼, 가스레인지 등) 사용 시 감독위원 및 타수험자의 시험 진행에 위협이 될 것으로 감독위원 전원이 합의하여 판단한 경우
다) 미완성 - (1) 시험시간 내에 과제 두 가지를 제출하지 못한 경우
(2) 문제의 요구사항대로 과제의 수량이 만들어지지 않은 경우
라) 오작 - (1) 구이를 찜으로 조리하는 등과 같이 조리방법을 다르게 한 경우
(2) 해당 과제의 지급재료 이외의 재료를 사용하거나 석쇠 등 요구사항의 조리도구를 사용하지 않은 경우
마) 요구사항에 표시된 실격, 미완성, 오작에 해당하는 경우
❼ 항목별 배점은 위생상태 및 안전관리 5점, 조리기술 30점, 작품의 평가 15점입니다.

만드는 법

❶ 양파, 셀러리는 곱게 다진 다음 볶아서 식힌다.
❷ 용기에 소고기 간 것, 양파, 셀러리, 빵가루, 달걀, 소금, 후추를 넣고 끈기있게 잘 섞은 후 1cm 정도 두께의 원형으로 만든다.
❸ 빵은 버터를 발라 굽는다.
❹ 프라이팬에 식용유를 두르고 가열한 후 햄버거를 익힌다.
❺ 프라이팬에 양파링과 토마토링을 살짝 굽는다(안 구워도 좋다).
❻ 구운 빵에 양상추, 햄버거, 양파, 토마토, 빵의 순서로 포갠 후 반으로 잘라 접시에 담는다.

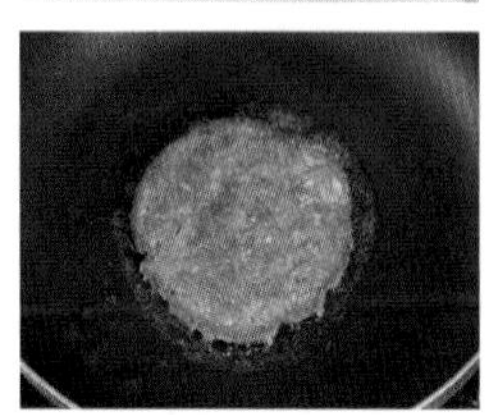

- 고기가 익으면 원래 크기보다 줄어들므로 빵 크기보다 크게 하고 두께는 원래보다 구웠을 때 두꺼워지므로 요구사항보다 얇게 빚어둔다.
- 불이 세면 겉만 타고 속은 익지 않으므로 한 면을 익힌 후 뒤집어서 뚜껑을 덮고 약불에서 익혀준다.

시험시간 35분

양식조리기능사 실기시험문제

Seafood Spaghetti Tomato Sauce
토마토소스 해산물 스파게티

지급재료 목록

- 스파게티 면(건조 면) 70g • 토마토(캔)(홀필드, 국물 포함) 300g • 마늘 3쪽
- 양파 중(150g 정도) 1/2개 • 바질(신선한 것) 4잎 • 파슬리(잎, 줄기 포함) 1줄기
- 방울토마토(붉은색) 2개 • 올리브오일 40ml • 새우(껍질 있는 것) 3마리
- 모시조개(지름 3cm 정도) 3개(바지락 대체 가능) • 오징어(몸통) 50g
- 관자살(50g 정도) 1개(작은 관자 3개 정도) • 화이트와인 20ml • 소금 5g
- 흰후춧가루 5g • 식용유 20ml

요구사항

주어진 재료를 사용하여 다음과 같이 토마토소스 해산물 스파게티를 만드시오.

❶ 스파게티 면은 al dante(알 단테)로 삶아서 사용하시오.
❷ 조개는 껍질째, 새우는 껍질을 벗겨 내장을 제거하고, 관자살은 편으로 썰고, 오징어는 0.8cm x 5cm 정도 크기로 썰어 사용하시오.
❸ 해산물은 화이트와인을 사용하여 조리하고, 마늘과 양파는 해산물 조리와 토마토소스 조리에 나누어 사용하시오.
❹ 바질을 넣은 토마토소스를 만들어 사용하시오.
❺ 스파게티는 토마토소스에 버무리고 다진 파슬리와 슬라이스한 바질을 넣어 완성하시오.

수검자 유의사항

❶ 만드는 순서에 유의하며, 위생과 숙련된 기능평가를 위하여 조리작업 시 맛을 보지 않습니다.
❷ 지정된 수험자지참준비물 이외의 조리기구나 재료를 시험장 내에 지참할 수 없습니다.
❸ 지급재료는 시험 전 확인하여 이상이 있을 경우 시험위원으로부터 조치를 받고 시험 중에는 재료의 교환 및 추가지급은 하지 않습니다.
❹ 요구사항의 규격은 "정도"의 의미를 포함하며, 지급된 재료의 크기에 따라 가감하여 채점합니다.
❺ 위생상태 및 안전관리 사항을 준수합니다.
❻ 다음 사항에 대해서는 **채점대상에서 제외하니** 특히 유의하시기 바랍니다.
가) 기권 - 수험자 본인이 시험 도중 시험에 대한 포기 의사를 표현하는 경우
나) 실격 - (1) 가스레인지 화구 2개 이상(2개 포함) 사용한 경우
(2) 불을 사용하여 만든 조리작품이 작품특성에 벗어나는 정도로 타거나 익지 않은 경우
(3) 시험 중 시설·장비(칼, 가스레인지 등) 사용 시 감독위원 및 타수험자의 시험 진행에 위협이 될 것으로 감독위원 전원이 합의하여 판단한 경우
다) 미완성 - (1) 시험시간 내에 과제 두 가지를 제출하지 못한 경우
(2) 문제의 요구사항대로 과제의 수량이 만들어지지 않은 경우
라) 오작 - (1) 구이를 찜으로 조리하는 등과 같이 조리방법을 다르게 한 경우
(2) 해당 과제의 지급재료 이외의 재료를 사용하거나 석쇠 등 요구사항의 조리도구를 사용하지 않은 경우
마) 요구사항에 표시된 실격, 미완성, 오작에 해당하는 경우
❼ 항목별 배점은 위생상태 및 안전관리 5점, 조리기술 30점, 작품의 평가 15점입니다.

만드는 법

❶ 바질은 슬라이스하고, 방울토마토는 4~6등분으로 썰고, 마늘, 양파, 파슬리는 다지고, 토마토 홀은 으깬다.
❷ 팬에 올리브오일, 다진 마늘과 양파를 넣고 볶고 으깬 토마토를 넣고 끓이다가 바질과 소금을 넣고 농도 맞춘다.
❸ 조개는 껍질째, 새우는 껍질과 내장을 제거하고, 관자살은 편으로 썰고, 오징어는 0.8cm x 5cm 정도 크기로 썰어 준비한다.
❹ 끓는 물에 식용유와 소금을 넣고 스파게티 면은 삶은 후 올리브오일에 버무려 식힌다.
❺ 팬에 올리브오일, 다진 마늘과 양파를 볶고 해산물을 넣고 볶다가 소금과 후추, 화이트와인을 넣는다.
❻ ⑤에 토마토소스를 넣고 스파게티 면을 볶다가 다진 파슬리와 슬라이스한 바질을 넣어 완성한다.

- 해산물을 넣고 볶다가 소금, 후추 간을 하고 화이트와인으로 후란베(flambé)를 해서 와인 향을 제거하면 신맛이 없어진다.

시험시간 30분 **양식조리기능사** 실기시험문제

Spaghetti Carbonara

스파게티 카르보나라

지급재료 목록

- 스파게티 면(건조 면) 80g • 올리브오일 20ml • 버터(무염) 20g
- 생크림 180ml • 베이컨(길이 15~20cm) 2개 • 달걀 1개
- 파마산 치즈가루 10g • 파슬리(잎, 줄기 포함) 1줄기
- 소금(정제염) 5g • 검은통후추 5개 • 식용유 20ml

요구사항

주어진 재료를 사용하여 다음과 같이 스파게티 카르보나라를 만드시오.

❶ 스파게티 면은 al dante(알 단테)로 삶아서 사용하시오.
❷ 파슬리는 다지고 통후추는 곱게 으깨서 사용하시오.
❸ 베이컨은 1cm 정도 크기로 썰어, 으깬 통후추와 볶아서 향이 잘 우러나게 하시오.
❹ 생크림은 달걀노른자를 이용한 리에종(Liaison)과 소스에 사용하시오.

수검자 유의사항

❶ 만드는 순서에 유의하며, 위생과 숙련된 기능평가를 위하여 조리작업 시 맛을 보지 않습니다.
❷ 지정된 수험자지참준비물 이외의 조리기구나 재료를 시험장 내에 지참할 수 없습니다.
❸ 지급재료는 시험 전 확인하여 이상이 있을 경우 시험위원으로부터 조치를 받고 시험 중에는 재료의 교환 및 추가지급은 하지 않습니다.
❹ 요구사항의 규격은 "정도"의 의미를 포함하며, 지급된 재료의 크기에 따라 가감하여 채점합니다.
❺ 위생상태 및 안전관리 사항을 준수합니다.
❻ 다음 사항에 대해서는 **채점대상에서 제외하니** 특히 유의하시기 바랍니다.

가) 기권 - 수험자 본인이 시험 도중 시험에 대한 포기 의사를 표현하는 경우
나) 실격 - (1) 가스레인지 화구 2개 이상(2개 포함) 사용한 경우
(2) 불을 사용하여 만든 조리작품이 작품특성에 벗어나는 정도로 타거나 익지 않은 경우
(3) 시험 중 시설·장비(칼, 가스레인지 등) 사용 시 감독위원 및 타수험자의 시험 진행에 위협이 될 것으로 감독위원 전원이 합의하여 판단한 경우
다) 미완성 - (1) 시험시간 내에 과제 두 가지를 제출하지 못한 경우
(2) 문제의 요구사항대로 과제의 수량이 만들어지지 않은 경우
라) 오작 - (1) 구이를 찜으로 조리하는 등과 같이 조리방법을 다르게 한 경우
(2) 해당 과제의 지급재료 이외의 재료를 사용하거나 석쇠 등 요구사항의 조리도구를 사용하지 않은 경우
마) 요구사항에 표시된 실격, 미완성, 오작에 해당하는 경우

❼ 항목별 배점은 위생상태 및 안전관리 5점, 조리기술 30점, 작품의 평가 15점입니다.

만드는 법

❶ 끓는 물에 식용유와 소금을 넣고 스파게티 면을 삶은 후 올리브오일에 버무려 식힌다.
❷ 파슬리는 다지고, 통후추는 으깨고, 베이컨은 1cm 크기로 썰어 놓는다.
❸ 난황과 휘핑크림으로 리에종을 만든다.
❹ 팬에 버터를 넣고 ②의 베이컨과 통후추를 넣고 볶다가 ①의 스파게티 면을 넣고 같이 볶아준다.
❺ ④에 휘핑크림을 넣고 끓으면 리에종을 넣고 소스 농도를 조절하여 소금으로 간을 맞춘 후 파마산 치즈가루와 다진 파슬리를 넣고 가볍게 섞어 완성한다.

- **알 단테(al dante)**
  스파게티 면을 삶았을 때 안쪽에서 단단함이 살짝 느껴질 정도를 말한다.
- **리에종(Liaison)**
  난황 1개 + 휘핑크림 60ml = 1:3 비율로 섞는다.

시험시간
25분

양식조리기능사 실기시험문제

French Fried Shrimp
프렌치프라이드쉬림프

지급재료 목록

- 새우 4마리(50~60g) • 밀가루(중력분) 80g • 백설탕 2g
- 달걀 1개 • 소금(정제염) 2g • 흰후춧가루 2g • 식용유 500ml
- 레몬(길이(장축)로 등분) 1/6개 • 파슬리(잎, 줄기 포함) 1줄기
- 냅킨(흰색, 기름제거용) 2장 • 이쑤시개 1개

요구사항

주어진 재료를 사용하여 다음과 같이 프렌치프라이드쉬림프를 만드시오.

❶ 새우는 꼬리 쪽에서 1마디 정도 껍질을 남겨 구부러지지 않게 튀기시오.

❷ 새우튀김은 4개를 제출하시오.

❸ 레몬과 파슬리를 곁들이시오.

수검자 유의사항

❶ 만드는 순서에 유의하며, 위생과 숙련된 기능평가를 위하여 조리작업 시 맛을 보지 않습니다.

❷ 지정된 수험자지참준비물 이외의 조리기구나 재료를 시험장 내에 지참할 수 없습니다.

❸ 지급재료는 시험 전 확인하여 이상이 있을 경우 시험위원으로부터 조치를 받고 시험 중에는 재료의 교환 및 추가지급은 하지 않습니다.

❹ 요구사항의 규격은 "정도"의 의미를 포함하며, 지급된 재료의 크기에 따라 가감하여 채점합니다.

❺ 위생상태 및 안전관리 사항을 준수합니다.

❻ 다음 사항에 대해서는 **채점대상에서 제외하니** 특히 유의하시기 바랍니다.

가) 기권 - 수험자 본인이 시험 도중 시험에 대한 포기 의사를 표현하는 경우

나) 실격 - (1) 가스레인지 화구 2개 이상(2개 포함) 사용한 경우

(2) 불을 사용하여 만든 조리작품이 작품특성에 벗어나는 정도로 타거나 익지 않은 경우

(3) 시험 중 시설·장비(칼, 가스레인지 등) 사용 시 감독위원 및 타수험자의 시험 진행에 위협이 될 것으로 감독위원 전원이 합의하여 판단한 경우

다) 미완성 - (1) 시험시간 내에 과제 두 가지를 제출하지 못한 경우

(2) 문제의 요구사항대로 과제의 수량이 만들어지지 않은 경우

라) 오작 - (1) 구이를 찜으로 조리하는 등과 같이 조리방법을 다르게 한 경우

(2) 해당 과제의 지급재료 이외의 재료를 사용하거나 석쇠 등 요구사항의 조리도구를 사용하지 않은 경우

마) 요구사항에 표시된 실격, 미완성, 오작에 해당하는 경우

❼ 항목별 배점은 위생상태 및 안전관리 5점, 조리기술 30점, 작품의 평가 15점입니다.

만드는 법

❶ 새우를 깨끗이 씻어 머리, 내장, 껍질을 제거하고(꼬리는 남긴다), 배쪽에 2~3회 칼집을 넣은 후 소금, 흰후추로 간을 한다.

❷ 달걀을 흰자, 노른자로 분리한 후 노른자에 물, 밀가루, 설탕을 넣고 가볍게 저어 튀김옷(반죽)을 만든다.

❸ 흰자는 거품을 내어 ②의 반죽에 가볍게 섞는다.

❹ 준비된 새우에 밀가루를 묻히고 반죽을 입혀 기름에 튀겨 접시에 담는다(레몬과 파슬리로 장식을 한다).

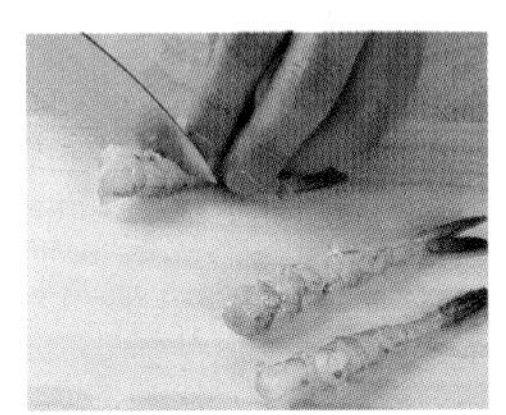

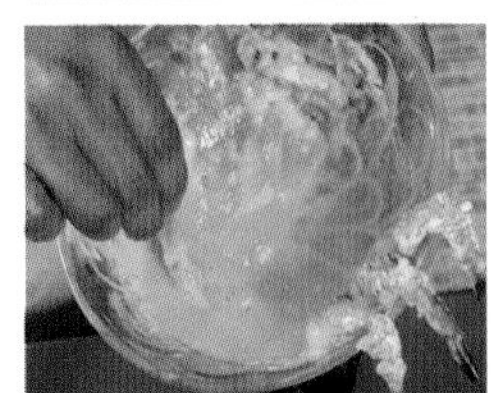

• 달걀 흰자 거품은 너무 많이 넣지 않도록 한다.
• 약 3큰술 정도만 넣고 가볍게 저어준다.

시험시간
40분

양식조리기능사 실기시험문제

Sole Mornay
솔모르네

지급재료 목록

- 가자미(250~300g 정도) 1마리(해동지급) • 치즈(가로, 세로 8cm 정도) 1장
- 카이엔페퍼 2g • 밀가루(중력분) 30g • 버터(무염) 50g • 우유 200ml
- 양파 중(150g 정도) 1/3개 • 정향 1개 • 레몬 1/4개(길이(장축)로 등분)
- 월계수잎 1잎 • 파슬리(잎, 줄기 포함) 1줄기
- 흰통후추 3개(검은통후추 대체 가능) • 소금(정제염) 2g

요구사항

주어진 재료를 사용하여 다음과 같이 솔모르네를 만드시오.

❶ 피시스톡(fish stock)을 만들어 생선을 포칭(poaching)하시오.
❷ 베샤멜 소스(bechamel sauce)를 만들어 치즈를 넣고 모르네 소스(mornay sauce)를 만드시오.
❸ 생선은 5장뜨기 하고, 수량은 같은 크기로 4개 제출하시오.
❹ 카옌페퍼를 뿌려내시오.

수검자 유의사항

❶ 만드는 순서에 유의하며, 위생과 숙련된 기능평가를 위하여 조리작업 시 맛을 보지 않습니다.
❷ 지정된 수험자지참준비물 이외의 조리기구나 재료를 시험장 내에 지참할 수 없습니다.
❸ 지급재료는 시험 전 확인하여 이상이 있을 경우 시험위원으로부터 조치를 받고 시험 중에는 재료의 교환 및 추가지급은 하지 않습니다.
❹ 요구사항의 규격은 "정도"의 의미를 포함하며, 지급된 재료의 크기에 따라 가감하여 채점합니다.
❺ 위생상태 및 안전관리 사항을 준수합니다.
❻ 다음 사항에 대해서는 **채점대상에서 제외하니** 특히 유의하시기 바랍니다.

가) 기권 - 수험자 본인이 시험 도중 시험에 대한 포기 의사를 표현하는 경우
나) 실격 - (1) 가스레인지 화구 2개 이상(2개 포함) 사용한 경우
(2) 불을 사용하여 만든 조리작품이 작품특성에 벗어나는 정도로 타거나 익지 않은 경우
(3) 시험 중 시설·장비(칼, 가스레인지 등) 사용 시 감독위원 및 타수험자의 시험 진행에 위협이 될 것으로 감독위원 전원이 합의하여 판단한 경우
다) 미완성 - (1) 시험시간 내에 과제 두 가지를 제출하지 못한 경우
(2) 문제의 요구사항대로 과제의 수량이 만들어지지 않은 경우
라) 오작 - (1) 구이를 찜으로 조리하는 등과 같이 조리방법을 다르게 한 경우
(2) 해당 과제의 지급재료 이외의 재료를 사용하거나 석쇠 등 요구사항의 조리도구를 사용하지 않은 경우
마) 요구사항에 표시된 실격, 미완성, 오작에 해당하는 경우

❼ 항목별 배점은 위생상태 및 안전관리 5점, 조리기술 30점, 작품의 평가 15점입니다.

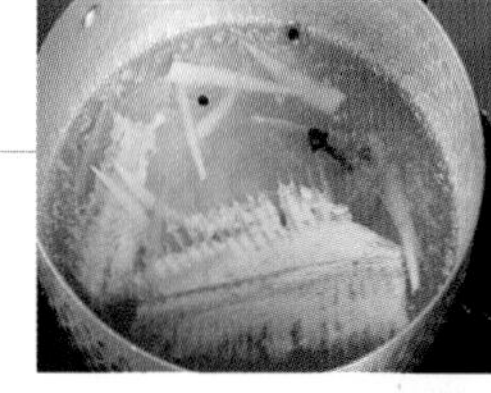

만드는 법

❶ 가자미는 깨끗이 씻어 껍질을 벗겨서 살을 발라내고 뼈는 물 2컵, 양파, 정향, 월계수 잎, 파슬리, 통후추를 넣고 끓여서 피시스톡(fish stock)을 만든다.
❷ 생선살은 일정한 모양으로 만들어 냄비에 양파를 깔고 포칭(poaching)한다.
❸ 익힌 생선살을 접시에 담는다.
❹ 버터, 밀가루로 화이트 루를 만든 다음 밀크를 넣고 끓여 화이트(베샤멜) 소스를 만든다.
❺ 베샤멜 소스에 치즈를 넣어 모르네 소스를 만든 후 피시스톡, 소금으로 간을 맞춘 후 포칭한 생선살에 끼얹고 카옌페퍼를 살짝 뿌려낸다.

Key Point

- 생선요리의 한 종류로 흰살생선인 광어나 민어, 가자미 등의 포를 떠서 사용한다.
- 모양을 길게 펴 주기도 하고 돌돌 말아서 꼬치로 꽂아 고정시키기도 한다.
- 베샤멜 소스는 밀가루를 버터에 볶다가 우유로 늘려준 것인데 모르네 소스를 만들어야 하기에 여기서 피시스톡이나 치즈 다진 것, 소금과 카옌페퍼를 넣어준 후 생선살 위에 끼얹어 낸다.

시험시간
30분

양식조리기능사 실기시험문제

Fish Meuniere
피시 뮈니엘

지급재료 목록

- 가자미(250~300g 정도) 1마리(해동지급)
- 밀가루(중력분) 30g • 버터(무염) 50g • 소금(정제염) 2g
- 흰후춧가루 2g • 레몬 1/2개(길이(장축)로 등분)
- 파슬리(잎, 줄기 포함) 1줄기

요구사항

주어진 재료를 사용하여 다음과 같이 피시 뮈니엘을 만드시오.

❶ 생선은 5장뜨기로 길이를 일정하게 하여 4쪽을 구워 내시오.
❷ 버터, 레몬, 파슬리를 이용하여 소스를 만들어 사용하시오.
❸ 레몬과 파슬리를 곁들여 내시오.

수검자 유의사항

❶ 만드는 순서에 유의하며, 위생과 숙련된 기능평가를 위하여 조리작업 시 맛을 보지 않습니다.
❷ 지정된 수험자지참준비물 이외의 조리기구나 재료를 시험장 내에 지참할 수 없습니다.
❸ 지급재료는 시험 전 확인하여 이상이 있을 경우 시험위원으로부터 조치를 받고 시험 중에는 재료의 교환 및 추가지급은 하지 않습니다.
❹ 요구사항의 규격은 "정도"의 의미를 포함하며, 지급된 재료의 크기에 따라 가감하여 채점합니다.
❺ 위생상태 및 안전관리 사항을 준수합니다.
❻ 다음 사항에 대해서는 **채점대상에서 제외하니** 특히 유의하시기 바랍니다.
가) 기권 - 수험자 본인이 시험 도중 시험에 대한 포기 의사를 표현하는 경우
나) 실격 - (1) 가스레인지 화구 2개 이상(2개 포함) 사용한 경우
(2) 불을 사용하여 만든 조리작품이 작품특성에 벗어나는 정도로 타거나 익지 않은 경우
(3) 시험 중 시설·장비(칼, 가스레인지 등) 사용 시 감독위원 및 타수험자의 시험 진행에 위협이 될 것으로 감독위원 전원이 합의하여 판단한 경우
다) 미완성 - (1) 시험시간 내에 과제 두 가지를 제출하지 못한 경우
(2) 문제의 요구사항대로 과제의 수량이 만들어지지 않은 경우
라) 오작 - (1) 구이를 찜으로 조리하는 등과 같이 조리방법을 다르게 한 경우
(2) 해당 과제의 지급재료 이외의 재료를 사용하거나 석쇠 등 요구사항의 조리도구를 사용하지 않은 경우
마) 요구사항에 표시된 실격, 미완성, 오작에 해당하는 경우
❼ 항목별 배점은 위생상태 및 안전관리 5점, 조리기술 30점, 작품의 평가 15점입니다.

만드는 법

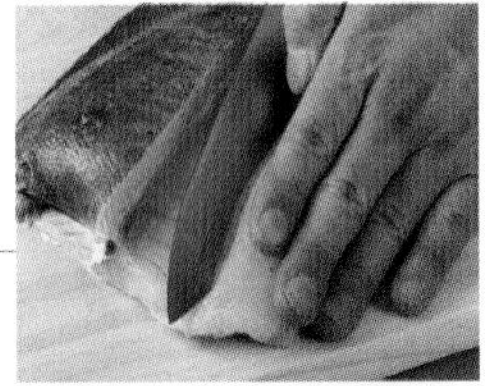

❶ 생선을 씻어 5장으로 포를 떠서 껍질을 벗긴 다음 생선살만 모아 모양을 갖추어 놓는다.

❷ 프라이팬에 버터를 넣고 가열하여 온도가 알맞을 때 생선에 소금, 흰후추를 뿌리고 밀가루를 앞뒤로 묻혀 팬에 노릇하게 구워낸다.
❸ 익힌 생선을 접시에 담고 녹인 버터에 레몬즙과 파슬리 가루를 섞은 후 레몬 소스를 만들어 생선 위에 뿌리고 파슬리와 레몬 조각을 곁들인다.

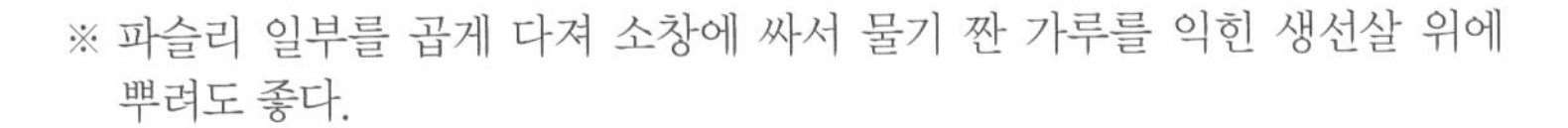

※ 파슬리 일부를 곱게 다져 소창에 싸서 물기 짠 가루를 익힌 생선살 위에 뿌려도 좋다.

• 생선에 밀가루를 묻혀 버터구이하는 것을 뮈니엘(Meuniere)이라 한다.
• 생선의 길이가 일정치 않을 경우 두 쪽을 포개어 지져서 담을 수도 있다.

시험시간
40분

양식조리기능사 실기시험문제

Beef Stew
비프스튜

지급재료 목록

- 소고기(살코기) 100g(덩어리)
- 당근 70g(둥근 모양이 유지되게 등분) • 양파 중(150g 정도) 1/4개
- 셀러리 30g • 감자(150g 정도) 1/3개 • 마늘 중(깐 것) 1쪽
- 토마토 페이스트 20g • 밀가루(중력분) 25g • 버터(무염) 30g
- 소금(정제염) 2g • 검은후춧가루 2g • 파슬리(잎, 줄기 포함) 1줄기
- 월계수잎 1잎 • 정향 1개

요구사항

주어진 재료를 사용하여 다음과 같이 비프스튜를 만드시오.

❶ 완성된 소고기와 채소의 크기는 1.8cm 정도의 정육면체로 하시오.
❷ 브라운 루(Brown roux)를 만들어 사용하시오.
❸ 파슬리 다진 것을 뿌려 내시오.

수검자 유의사항

❶ 만드는 순서에 유의하며, 위생과 숙련된 기능평가를 위하여 조리작업 시 맛을 보지 않습니다.
❷ 지정된 수험자지참준비물 이외의 조리기구나 재료를 시험장 내에 지참할 수 없습니다.
❸ 지급재료는 시험 전 확인하여 이상이 있을 경우 시험위원으로부터 조치를 받고 시험 중에는 재료의 교환 및 추가지급은 하지 않습니다.
❹ 요구사항의 규격은 "정도"의 의미를 포함하며, 지급된 재료의 크기에 따라 가감하여 채점합니다.
❺ 위생상태 및 안전관리 사항을 준수합니다.
❻ 다음 사항에 대해서는 **채점대상에서 제외하니** 특히 유의하시기 바랍니다.
가) 기권 - 수험자 본인이 시험 도중 시험에 대한 포기 의사를 표현하는 경우
나) 실격 - (1) 가스레인지 화구 2개 이상(2개 포함) 사용한 경우
(2) 불을 사용하여 만든 조리작품이 작품특성에 벗어나는 정도로 타거나 익지 않은 경우
(3) 시험 중 시설·장비(칼, 가스레인지 등) 사용 시 감독위원 및 타수험자의 시험 진행에 위협이 될 것으로 감독위원 전원이 합의하여 판단한 경우
다) 미완성 - (1) 시험시간 내에 과제 두 가지를 제출하지 못한 경우
(2) 문제의 요구사항대로 과제의 수량이 만들어지지 않은 경우
라) 오작 - (1) 구이를 찜으로 조리하는 등과 같이 조리방법을 다르게 한 경우
(2) 해당 과제의 지급재료 이외의 재료를 사용하거나 석쇠 등 요구사항의 조리도구를 사용하지 않은 경우
마) 요구사항에 표시된 실격, 미완성, 오작에 해당하는 경우
❼ 항목별 배점은 위생상태 및 안전관리 5점, 조리기술 30점, 작품의 평가 15점입니다.

만드는 법

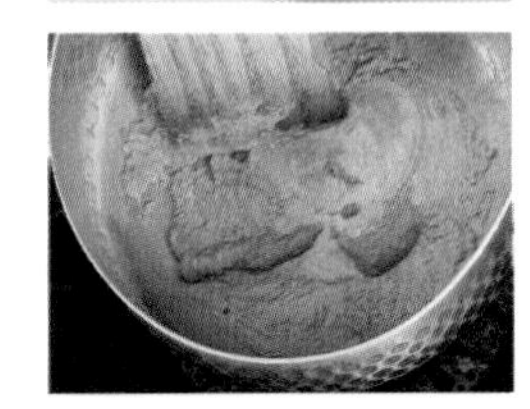

❶ 소고기는 2㎝ 정도의 육면체로 썰고, 야채도 같은 크기로 썰어 모서리를 다듬고, 마늘은 다진다.
❷ 팬에 버터를 두르고 소고기를 갈색이 나게 볶고 마늘, 야채를 넣고 볶아 준비한다.
❸ 팬에 버터, 밀가루를 넣고 볶아 브라운 루를 만든다.
❹ ③에 토마토 페이스트를 넣어 살짝 볶고 브라운 스톡을 조금씩 넣으면서 풀어주고 볶은 야채와 소고기를 넣고 부케가르니를 넣어 끓인다(중간에 거품을 제거한다).
❺ 다 끓여지면 소금, 후추로 간을 하고 부케가르니를 건져낸 후 그릇에 담고 파슬리 가루를 뿌려준다.

• 서양식 소고기 찌개의 일종으로 야채와 함께 볶다가 토마토 페이스트를 넣고 고기의 느끼한 맛을 없앤다.
• 야채나 고기의 크기가 큼직해서 오래오래 끓여주는 음식이지만 시험시간의 관계로 작은 크기로 썰었고 원래는 소고기 사태나 양지를 사용하지만 빨리 익히기 위해서 등심으로 한다.

시험시간
40분

양식조리기능사 실기시험문제

Barbecued Pork Chop
바비큐 폭찹

지급재료 목록

- 돼지갈비(살두께 5cm 이상, 뼈를 포함한 길이 10cm) 200g
- 토마토케첩 30g • 우스터 소스 5ml • 황설탕 10g • 양파 중(150g 정도) 1/4개
- 소금(정제염) 2g • 검은후춧가루 2g • 셀러리 30g • 핫소스 5ml
- 버터(무염) 10g • 식초 10ml • 월계수잎 1잎 • 밀가루(중력분) 10g
- 레몬 1/6개(길이(장축)로 등분) • 마늘 중(깐 것) 1쪽
- 비프스톡(육수) 200ml(물로 대체 가능) • 식용유 30ml

요구사항

주어진 재료를 사용하여 다음과 같이 바베큐 폭찹을 만드시오.

❶ 고기는 뼈가 붙은 채로 사용하고 고기의 두께는 1cm 정도로 하시오.
❷ 양파, 셀러리, 마늘은 다져 소스로 만드시오.
❸ 완성된 소스는 농도에 유의하고 윤기가 나도록 하시오.

수검자 유의사항

❶ 만드는 순서에 유의하며, 위생과 숙련된 기능평가를 위하여 조리작업 시 맛을 보지 않습니다.
❷ 지정된 수험자지참준비물 이외의 조리기구나 재료를 시험장 내에 지참할 수 없습니다.
❸ 지급재료는 시험 전 확인하여 이상이 있을 경우 시험위원으로부터 조치를 받고 시험 중에는 재료의 교환 및 추가지급은 하지 않습니다.
❹ 요구사항의 규격은 "정도"의 의미를 포함하며, 지급된 재료의 크기에 따라 가감하여 채점합니다.
❺ 위생상태 및 안전관리 사항을 준수합니다.
❻ 다음 사항에 대해서는 **채점대상에서 제외하니** 특히 유의하시기 바랍니다.
가) 기권 - 수험자 본인이 시험 도중 시험에 대한 포기 의사를 표현하는 경우
나) 실격 - (1) 가스레인지 화구 2개 이상(2개 포함) 사용한 경우
(2) 불을 사용하여 만든 조리작품이 작품특성에 벗어나는 정도로 타거나 익지 않은 경우
(3) 시험 중 시설·장비(칼, 가스레인지 등) 사용 시 감독위원 및 타수험자의 시험 진행에 위협이 될 것으로 감독위원 전원이 합의하여 판단한 경우
다) 미완성 - (1) 시험시간 내에 과제 두 가지를 제출하지 못한 경우
(2) 문제의 요구사항대로 과제의 수량이 만들어지지 않은 경우
라) 오작 - (1) 구이를 찜으로 조리하는 등과 같이 조리방법을 다르게 한 경우
(2) 해당 과제의 지급재료 이외의 재료를 사용하거나 석쇠 등 요구사항의 조리도구를 사용하지 않은 경우
마) 요구사항에 표시된 실격, 미완성, 오작에 해당하는 경우
❼ 항목별 배점은 위생상태 및 안전관리 5점, 조리기술 30점, 작품의 평가 15점입니다.

만드는 법

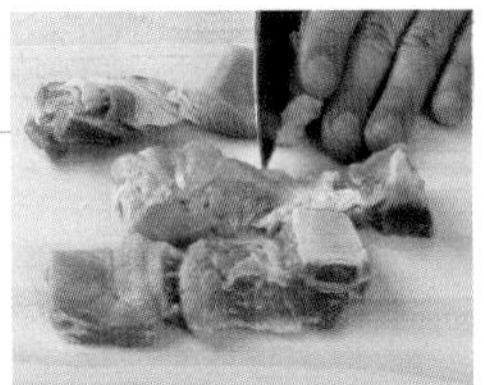
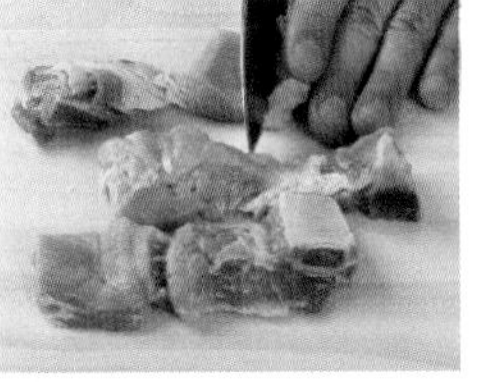

❶ 돼지갈비는 물에 깨끗이 씻은 후 기름을 제거하고 힘줄, 뼈와 살이 붙어 있는 곳에 칼집을 넣어 소금, 후추를 뿌려 밀가루를 묻힌 후 프라이팬에서 갈색이 나도록 굽는다.
❷ 마늘은 다진다.
❸ 양파, 셀러리는 작은 주사위 모양(0.5㎝)으로 썬다.
❹ 냄비를 뜨겁게 한 후 버터를 넣고 양파, 셀러리를 볶은 후 토마토케첩, 우스터 소스, 황설탕, 식초, 핫소스를 넣고 끓으면 돼지갈비를 넣고 푹 익힌다.
❺ 익힌 돼지갈비를 접시에 담고 소스의 기름을 걷어내고 농도와 맛을 다시 조절하여 갈비 위에 끼얹는다.

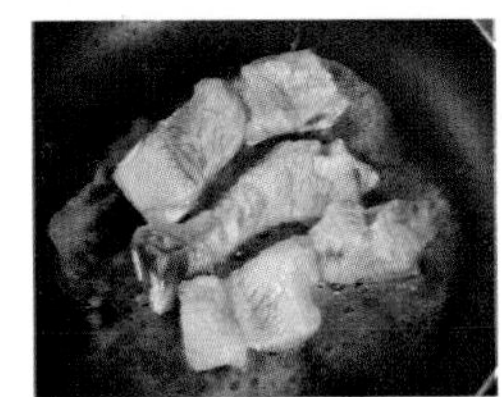

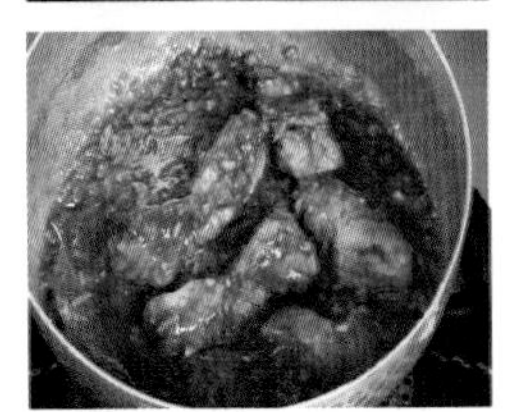

Key Point

• 바비큐는 원래 통째로 구워먹는 요리라는 의미가 있지만 크게 분류하면 실내 바비큐와 실외 바비큐로 나누어진다.
• 바비큐 폭찹은 실내 바비큐이다. 팬에 고기를 구워 지방질을 빼내고 토마토케첩과 설탕, 식초, 야채 등을 넣어 끓여서 구워진 고기를 조려낸 요리다.

시험시간 30분 **양식조리기능사** 실기시험문제

Chicken a'la King
치킨알라킹

지급재료 목록

- 닭다리(한 마리 1.2kg 정도(허벅지살 포함)) 1개
- 청피망 중(75g 정도) 1/4개 • 홍피망 중(75g 정도) 1/6개
- 양파 중(150g 정도) 1/6개 • 양송이 20g(2개) • 버터(무염) 20g
- 밀가루(중력분) 15g • 우유 150ml • 정향 1개 • 생크림(조리용) 20ml
- 소금(정제염) 2g • 흰후춧가루 2g • 월계수잎 1잎

요구사항

주어진 재료를 사용하여 다음과 같이 치킨알라킹을 만드시오.

❶ 완성된 닭고기와 채소, 버섯의 크기는 1.8cm×1.8cm 정도로 균일하게 하시오.
❷ 닭뼈를 이용하여 치킨 육수를 만들어 사용하시오.
❸ 화이트 루(roux)를 이용하여 베샤멜 소스(bechamel sauce)를 만들어 사용하시오.

수검자 유의사항

❶ 만드는 순서에 유의하며, 위생과 숙련된 기능평가를 위하여 조리작업 시 맛을 보지 않습니다.
❷ 지정된 수험자지참준비물 이외의 조리기구나 재료를 시험장 내에 지참할 수 없습니다.
❸ 지급재료는 시험 전 확인하여 이상이 있을 경우 시험위원으로부터 조치를 받고 시험 중에는 재료의 교환 및 추가지급은 하지 않습니다.
❹ 요구사항의 규격은 "정도"의 의미를 포함하며, 지급된 재료의 크기에 따라 가감하여 채점합니다.
❺ 위생상태 및 안전관리 사항을 준수합니다.
❻ 다음 사항에 대해서는 **채점대상에서 제외하니** 특히 유의하시기 바랍니다.
가) 기권 - 수험자 본인이 시험 도중 시험에 대한 포기 의사를 표현하는 경우
나) 실격 - (1) 가스레인지 화구 2개 이상(2개 포함) 사용한 경우
(2) 불을 사용하여 만든 조리작품이 작품특성에 벗어나는 정도로 타거나 익지 않은 경우
(3) 시험 중 시설·장비(칼, 가스레인지 등) 사용 시 감독위원 및 타수험자의 시험 진행에 위협이 될 것으로 감독위원 전원이 합의하여 판단한 경우
다) 미완성 - (1) 시험시간 내에 과제 두 가지를 제출하지 못한 경우
(2) 문제의 요구사항대로 과제의 수량이 만들어지지 않은 경우
라) 오작 - (1) 구이를 찜으로 조리하는 등과 같이 조리방법을 다르게 한 경우
(2) 해당 과제의 지급재료 이외의 재료를 사용하거나 석쇠 등 요구사항의 조리도구를 사용하지 않은 경우
마) 요구사항에 표시된 실격, 미완성, 오작에 해당하는 경우
❼ 항목별 배점은 위생상태 및 안전관리 5점, 조리기술 30점, 작품의 평가 15점입니다.

만드는 법

❶ 닭고기는 포를 떠서 살만 발라내고 껍질을 버리고 살은 사방 2cm 크기로 썰어서 닭뼈와 정향, 월계수잎, 물 2컵을 이용해서 만든 치킨스톡(chicken stock)에 익혀낸다.
❷ 양송이는 두껍게 슬라이스하고 양파와 청 · 홍피망은 2㎝ 정도의 크기로 자른 다음 버터에 살짝 볶는다.
❸ 냄비에 버터를 녹여 밀가루를 넣고 화이트 루를 만든 다음 우유를 넣어 화이트 소스를 만들고, 필요하면 치킨스톡을 더 넣어 맛을 조절한다.
❹ 익힌 닭고기, 양송이, 청 · 홍피망, 정향을 소스에 넣고 끓여준 후 소금, 후추로 간을 한 다음 접시에 담는다.

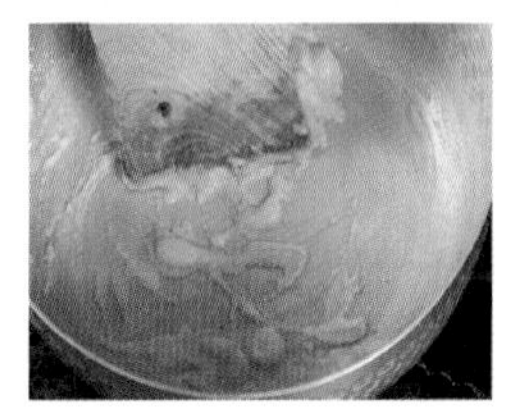

• a'la King은 왕처럼이란 뜻으로 아마도 왕이 먹던 요리가 아닌가 싶다.
• 중요한 것은 닭고기를 쪄서 해야 한다. 그래야 부드럽게 먹을 수 있다. 기구가 없을 경우 삶아서 사용해도 된다.

시험시간 30분

양식조리기능사 실기시험문제

Sirloin Steak
서로인 스테이크

지급재료 목록

- 소고기(등심) 200g(덩어리) • 감자(150g 정도) 1/2개
- 당근 70g(둥근 모양이 유지되게 등분) • 시금치 70g • 소금(정제염) 2g
- 검은후춧가루 1g • 식용유 150ml • 버터(무염) 50g • 백설탕 25g
- 양파 중(150g 정도) 1/6개

요구사항

주어진 재료를 사용하여 다음과 같이 서로인 스테이크를 만드시오.

❶ 스테이크는 미디엄(medium)으로 구우시오.
❷ 더운 채소(당근, 감자, 시금치)를 각각 모양 있게 만들어 함께 내시오.

수검자 유의사항

❶ 만드는 순서에 유의하며, 위생과 숙련된 기능평가를 위하여 조리작업 시 맛을 보지 않습니다.
❷ 지정된 수험자지참준비물 이외의 조리기구나 재료를 시험장 내에 지참할 수 없습니다.
❸ 지급재료는 시험 전 확인하여 이상이 있을 경우 시험위원으로부터 조치를 받고 시험 중에는 재료의 교환 및 추가지급은 하지 않습니다.
❹ 요구사항의 규격은 "정도"의 의미를 포함하며, 지급된 재료의 크기에 따라 가감하여 채점합니다.
❺ 위생상태 및 안전관리 사항을 준수합니다.
❻ 다음 사항에 대해서는 **채점대상에서 제외하니** 특히 유의하시기 바랍니다.
가) 기권 - 수험자 본인이 시험 도중 시험에 대한 포기 의사를 표현하는 경우
나) 실격 - (1) 가스레인지 화구 2개 이상(2개 포함) 사용한 경우
(2) 불을 사용하여 만든 조리작품이 작품특성에 벗어나는 정도로 타거나 익지 않은 경우
(3) 시험 중 시설·장비(칼, 가스레인지 등) 사용 시 감독위원 및 타수험자의 시험 진행에 위협이 될 것으로 감독위원 전원이 합의하여 판단한 경우
다) 미완성 - (1) 시험시간 내에 과제 두 가지를 제출하지 못한 경우
(2) 문제의 요구사항대로 과제의 수량이 만들어지지 않은 경우
라) 오작 - (1) 구이를 찜으로 조리하는 등과 같이 조리방법을 다르게 한 경우
(2) 해당 과제의 지급재료 이외의 재료를 사용하거나 석쇠 등 요구사항의 조리도구를 사용하지 않은 경우
마) 요구사항에 표시된 실격, 미완성, 오작에 해당하는 경우
❼ 항목별 배점은 위생상태 및 안전관리 5점, 조리기술 30점, 작품의 평가 15점입니다.

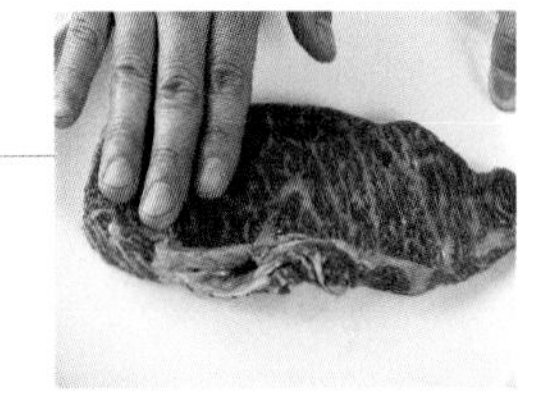

만드는 법

❶ 감자는 두께 1㎝, 길이 4~5㎝ 정도로 썰어(프렌치 모양) 삶은 후 물기를 빼서 기름에 노릇노릇하게 튀긴다.
❷ 시금치는 다듬어 데쳐서 식힌 다음 물기를 짜서 다진 양파와 함께 볶는다.
❸ 당근은 비쉬(Vichy) 스타일로 썰어, 냄비에 버터를 넣고 당근, 설탕, 스톡을 넣고 끓여 조려서 즙이 거의 없도록 글레이징한다.
❹ 소고기 등심에 소금, 후추로 간을 한 후 팬에 식용유와 버터를 넣고 프라이팬이나 오븐에 갈색이 나도록 구워 접시에 담는다.
❺ 접시에 서로인 스테이크를 담고, 감자튀김, 시금치버터볶음, 당근찜을 곁들여 담는다.

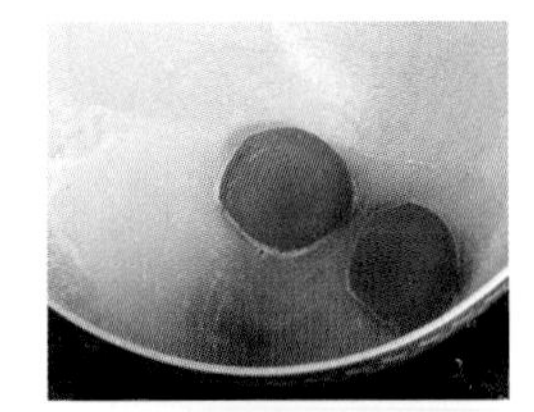

• Steak는 서양요리에서 빼놓을 수 없는 주요리다. 부위에 따라 맛이 다르지만 개인의 취향에 따라 선택하면 된다.
• Medium으로 익히기에 가운데를 약간 덜 익히는 것이 좋다.

시험시간
40분

양식조리기능사 실기시험문제

Salisbury Steak
살리스버리 스테이크

지급재료 목록

• 소고기(살코기) 130g(갈은 것) • 양파 중(150g 정도) 1/6개 • 달걀 1개
• 우유 10ml • 빵가루(마른 것) 20g • 소금(정제염) 2g • 검은후춧가루 2g
• 식용유 150ml • 감자(150g 정도) 1/2개 • 당근 70g(둥근 모양이 유지되게 등분)
• 시금치 70g • 백설탕 25g • 버터(무염) 50g

요구사항

주어진 재료를 사용하여 다음과 같이 살리스버리 스테이크를 만드시오.

❶ 살리스버리 스테이크는 타원형으로 만들어 고기 앞, 뒤의 색을 갈색으로 구우시오.
❷ 더운 채소(당근, 감자, 시금치)를 각각 모양 있게 만들어 곁들여 내시오.

수검자 유의사항

❶ 만드는 순서에 유의하며, 위생과 숙련된 기능평가를 위하여 조리작업 시 맛을 보지 않습니다.
❷ 지정된 수험자지참준비물 이외의 조리기구나 재료를 시험장 내에 지참할 수 없습니다.
❸ 지급재료는 시험 전 확인하여 이상이 있을 경우 시험위원으로부터 조치를 받고 시험 중에는 재료의 교환 및 추가지급은 하지 않습니다.
❹ 요구사항의 규격은 "정도"의 의미를 포함하며, 지급된 재료의 크기에 따라 가감하여 채점합니다.
❺ 위생상태 및 안전관리 사항을 준수합니다.
❻ 다음 사항에 대해서는 **채점대상에서 제외하니** 특히 유의하시기 바랍니다.
가) 기권 - 수험자 본인이 시험 도중 시험에 대한 포기 의사를 표현하는 경우
나) 실격 - (1) 가스레인지 화구 2개 이상(2개 포함) 사용한 경우
(2) 불을 사용하여 만든 조리작품이 작품특성에 벗어나는 정도로 타거나 익지 않은 경우
(3) 시험 중 시설·장비(칼, 가스레인지 등) 사용 시 감독위원 및 타수험자의 시험 진행에 위협이 될 것으로 감독위원 전원이 합의하여 판단한 경우
다) 미완성 - (1) 시험시간 내에 과제 두 가지를 제출하지 못한 경우
(2) 문제의 요구사항대로 과제의 수량이 만들어지지 않은 경우
라) 오작 - (1) 구이를 찜으로 조리하는 등과 같이 조리방법을 다르게 한 경우
(2) 해당 과제의 지급재료 이외의 재료를 사용하거나 석쇠 등 요구사항의 조리도구를 사용하지 않은 경우
마) 요구사항에 표시된 실격, 미완성, 오작에 해당하는 경우
❼ 항목별 배점은 위생상태 및 안전관리 5점, 조리기술 30점, 작품의 평가 15점입니다.

만드는 법

❶ 감자는 두께 1㎝, 길이 4~5㎝로 썰어 삶아 물기를 빼고 기름에 노릇노릇하게 튀긴다.
❷ 시금치는 다듬어 데쳐서 식혀 물기를 짜고 다진 양파와 함께 볶는다.
❸ 당근은 비쉬(Vichy) 스타일로 썰어, 냄비에 버터를 넣고 당근, 설탕, 스톡을 넣고 끓여 조려서 즙이 거의 없도록 글레이징한다.

❹ 양파는 곱게 다져서 볶아 식힌다.
❺ 그릇에 소고기 간 것, 양파, 빵가루, 우유, 달걀, 소금, 후추를 넣고 잘 섞이도록 치대어 타원형으로 만든다.
❻ 프라이팬이 뜨거워지면 식용유를 두르고 소고기 등심을 넣어 앞뒤로 갈색이 나게 잘 익힌다.
❼ 접시에 스테이크를 담고, 감자튀김, 시금치볶음, 당근찜을 곁들여 담는다.

Key Point

- 햄버거 스테이크와 다른 점은 모양이 타원형이다.
- 팬에서 익힐 때 한 면만 색을 내고 뒤집어서 뚜껑을 닫아 열을 차단시켜 중불에서 서서히 익힌다.
- 반죽은 오래 치대어 끈기가 있어야 익혔을 때 부서지지 않는다.

시험시간
30분

양식조리기능사 실기시험문제

Chicken Cutlet
치킨 커틀릿

지급재료 목록

- 닭다리(한 마리 1.2kg 정도(허벅지살 포함)) 1개 • 달걀 1개
- 밀가루(중력분) 30g • 빵가루(마른 것) 50g • 소금(정제염) 2g
- 검은후춧가루 2g • 식용유 500ml • 냅킨(흰색, 기름제거용) 2장

요구사항

주어진 재료를 사용하여 다음과 같이 치킨 커틀릿을 만드시오.

❶ 닭은 껍질째 사용하시오.
❷ 완성된 커틀릿의 색에 유의하고 두께는 1cm 정도로 하시오.
❸ 딥팻후라이(deep fat frying)로 하시오.

수검자 유의사항

❶ 만드는 순서에 유의하며, 위생과 숙련된 기능평가를 위하여 조리작업 시 맛을 보지 않습니다.
❷ 지정된 수험자지참준비물 이외의 조리기구나 재료를 시험장 내에 지참할 수 없습니다.
❸ 지급재료는 시험 전 확인하여 이상이 있을 경우 시험위원으로부터 조치를 받고 시험 중에는 재료의 교환 및 추가지급은 하지 않습니다.
❹ 요구사항의 규격은 "정도"의 의미를 포함하며, 지급된 재료의 크기에 따라 가감하여 채점합니다.
❺ 위생상태 및 안전관리 사항을 준수합니다.
❻ 다음 사항에 대해서는 **채점대상에서 제외하니** 특히 유의하시기 바랍니다.
가) 기권 - 수험자 본인이 시험 도중 시험에 대한 포기 의사를 표현하는 경우
나) 실격 - (1) 가스레인지 화구 2개 이상(2개 포함) 사용한 경우
(2) 불을 사용하여 만든 조리작품이 작품특성에 벗어나는 정도로 타거나 익지 않은 경우
(3) 시험 중 시설·장비(칼, 가스레인지 등) 사용 시 감독위원 및 타수험자의 시험 진행에 위협이 될 것으로 감독위원 전원이 합의하여 판단한 경우
다) 미완성 - (1) 시험시간 내에 과제 두 가지를 제출하지 못한 경우
(2) 문제의 요구사항대로 과제의 수량이 만들어지지 않은 경우
라) 오작 - (1) 구이를 찜으로 조리하는 등과 같이 조리방법을 다르게 한 경우
(2) 해당 과제의 지급재료 이외의 재료를 사용하거나 석쇠 등 요구사항의 조리도구를 사용하지 않은 경우
마) 요구사항에 표시된 실격, 미완성, 오작에 해당하는 경우
❼ 항목별 배점은 위생상태 및 안전관리 5점, 조리기술 30점, 작품의 평가 15점입니다.

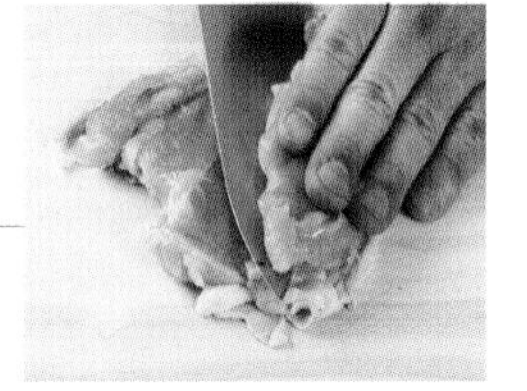

만드는 법

❶ 닭을 깨끗이 손질하여 뼈를 발라내고 얇게 저며(0.7㎝ 정도) 소금, 후추로 간을 한다.
❷ 닭고기를 밀가루, 달걀, 빵가루의 순서로 튀김옷을 입힌다.
❸ 160~180℃ 온도의 식용유에 황금색으로 튀겨낸다.

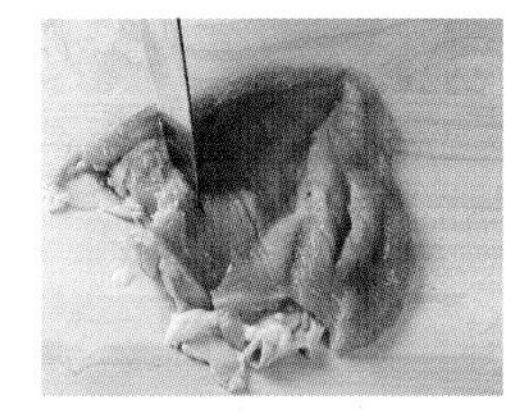

※커틀릿이란 육류나 생선을 얄팍하게 포를 뜬 후 밀가루, 달걀물, 빵가루를 입혀 기름에 튀겨내는 요리이다.

• 커틀릿은 주재료에 따라 이름이 달라진다.
• 두께가 너무 두꺼우면 타기 쉽다.
• 닭고기 손질을 할 때는 두들겨 주면서 칼끝으로 찔러서 힘줄을 끊어주어야 튀겼을 때 오그라들지 않는다.

Part 2

양식조리 실무

• 호텔식 서양요리

호텔식
서양요리

가지로 감싼 모짜렐라 치즈와 발사미코 베니거 소스

재료 목록

(1인분 기준)

• 가지 1/2개 • 토마토 1/2개 • 모짜렐라 치즈 30g • 바질잎 2장 • 토마토 소스 약간
• 어린 잎 야채 20g • 졸인 발사미코 베니거 1스푼
• 올리브오일 • 소금, 후추 • 통후추

만드는 법

❶ 가지를 0.5㎝ 두께로 썰어 소금, 후추로 간을 해서 2장 펴놓고 중앙에 모짜렐라 치즈 15g을 놓고 위에 바질잎 1장, 토마토살 1/4개를 0.5㎝ 두께로 썰어 놓고, 토마토 소스 1티스푼 정도를 놓은 다음 180℃ 오븐에서 노릇노릇하게 색깔이 나게 굽는다.
(2개를 만든다.)

❷ 접시 중앙에 완성된 ①을 보기 좋게 담고 옆에 어린 잎 야채를 놓고 졸인 발사미코 베니거를 뿌려서 완성한다.

프로슈토 햄으로 감싼 닭간구이

재료 목록

(1인분 기준)

• 닭간 120g • 프로슈토 햄 20g • 어린 잎 야채 20g
• 레드와인 소스 2스푼 • 송로버섯 오일드레싱 1스푼
• 올리브오일 • 소금, 후추 • 조리용 실

만드는 법

❶ 닭간에 소금, 후추로 간을 하고 프로슈토 햄으로 감싼 후, 조리용 실로 동그랗게 말아서 프라이팬에 오일을 두르고 노릇노릇하게 구워 오븐에서 완전하게 익힌다.

❷ 접시 중앙에 완성된 ①을 3등분하여 가지런히 담고 옆에 송로버섯 오일드레싱으로 어린 잎 야채를 무쳐 놓는다.

❸ 완성된 닭간 위에 레드와인 소스를 곁들인다.

상어알과 게살을 채운 훈제연어롤과 어린 잎 샐러드

재료 목록

(1인분 기준)

- 훈제연어 60g • 게살 10g • 상어알 5g • 어린 잎 야채 20g
- 바질 비네거 드레싱 2스푼 • 히즈미 1스푼 • 소금, 후추

만드는 법

❶ 훈제연어를 얇게 썰어 펼치고, 위에 게살, 상어알을 넣고 둥글게 말아 히즈미를 묻힌다.
❷ 훈제연어롤을 2㎝ 정도 3등분한다.
❸ 어린 잎 샐러드를 접시 중앙에 놓고 주위에 완성시킨 3등분한 연어롤을 놓는다.
❹ 어린 잎 샐러드와 주위에 바질 비네거 드레싱을 뿌려준다.
❺ 가니쉬로 차이브 1개를 샐러드에 장식한다.

바질비네거 드레싱

바질오일 3스푼, 화이트 발사미코 비네거 1스푼, 레몬 주스 약간, 소금, 후추 (모든 재료를 혼합한다.)

※ 자루냄비에 바질, 올리브오일을 넣고 은근히 끓인 다음 고운체에 내린다.

그릴에 구운 야채

재료 목록

(1인분 기준)

• 홍피망 1/2개 • 노란 파프리카 1/2개 • 가지 1/2개 • 붉은 양파 1/2개 • 마늘 홀 1개
• 단호박 1/6개 • 감자 1/6개 • 비트 1/6개 • 이탈리안 파슬리 약간 • 검정통후추 약간
• 올리브오일 • 발사미코 비네거

만드는 법

❶ 피망, 파프리카, 가지, 양파, 단호박, 감자, 비트를 삼각형 모양으로 썰어 준비한다. 마늘은 2등분으로 자른다.
❷ 그릴에 준비한 야채를 노릇하게 굽는다.
❸ 프라이팬에 올리브오일을 두르고 그릴에 구운 야채를 넣고 노릇노릇하게 굽는다. 소금, 후추, 발사미코 비네거, 가늘게 썬 이탈리안 파슬리를 넣고 볶아 마무리한다.
❹ 접시 중앙에 완성된 ③을 담아 놓고 주위에 프라이팬에 남은 발사미코 소스를 뿌려 완성한다.

허브와 포머리 머스터드를 발라 구운 아귀요리

재료 목록

(1인분 기준)

- 아귀 꼬리살 160g • 흰콩 무스 2스푼 • 샤프란 크림소스 2스푼
- 어린 잎 야채 약간 • 허브 빵가루 • 포머리 머스터드
- 올리브오일 • 소금, 후추

만드는 법

❶ 아귀를 꼬리살만 잘 손질한다. 꼬리살에 있는 힘줄을 잘 손질해 제거한다.

❷ 아귀살을 소금, 후추로 간을 해 프라이팬에 오일을 두르고 구운 다음 오븐(180도)에서 굽는다(8분 정도). 구운 아귀를 포머리 머스터드를 바르고 허브 빵가루를 묻혀 오븐에서 2분 정도 굽는다.

❸ 접시 중앙에 흰콩 무스 2스푼을 놓고 위에 구운 아귀를 5등분해서 놓는다.

❹ 접시 주위에 샤프란 크림소스를 핸드믹서를 이용해 거품 소스만 접시 주위에 놓고 주위에 어린 잎 야채를 놓고 실파로 가니쉬한다.

흰콩 무스

흰콩을 물에 불려 껍질을 벗겨서 냄비에 버터를 두르고 양파, 흰 부분 대파, 약간의 마늘을 볶는다. 흰콩을 넣고 볶다가 야채 육수를 넣고 중불로 푹 익혀 커트 기계로 곱게 갈아 고운체에 내려 냄비에 넣고 약간의 생크림, 소금, 후추로 간을 해 조리한다.

샤프란 크림소스

양파, 대파, 마늘을 가늘게 썰어 냄비에 버터를 두르고 볶다가 화이트와인을 넣고 졸인다. 생선스톡, 월계수잎, 생크림을 넣고 약 10분 정도 조리한 다음 믹서기를 사용해 곱게 갈아 고운체에 내려 냄비에 담아 소금, 후추로 간을 해 사용할 때 샤프란 주스 두 방울을 넣고 핸드믹서를 이용해 거품을 만들어 소스로 사용한다.
(야채로 휘넬, 양송이를 사용하기도 한다.)

허브 빵가루

이탈리안 파슬리, 파슬리, 바질잎만 손질해서 빵가루도 함께 커트 기계를 사용해 곱게 갈아 체에 내린다(빵가루는 말린 것을 사용한다).

적포도주 소스와 단호박 무스를 곁들인 송아지 안심구이

재료 목록

• 송아지 안심 180g • 마늘, 양파, 당근, 셀러리 약간씩 • 단호박 1/6개
• 차이브 약간 • 로즈메리, 타임, 타라곤, 이탈리안 파슬리 1줄기씩
• 적포도주 소스 2스푼 • 홍피망 천트니 1스푼
• 올리브오일, 버터 • 성게알 약간 • 프로슈토 햄 2개 • 소금, 후추

만드는 법

❶ 송아지 안심은 기름을 제거하고 2등분해 프로슈토 햄을 감아 잘게 썬 야채, 올리브오일, 로즈메리, 타임, 마늘에 재운다.
❷ 단호박은 껍질을 제거하고 오븐에 구워 잘게 뭉갠 다음 소금, 후추, 잘게 썬 차이브, 말린 토마토와 함께 혼합해 준비한다.
❸ 그릴에 재워놓은 안심을 소금, 후추로 간을 하고 안심 양쪽의 색이 잘 나도록 구운 다음 오븐 속에 넣어 중간 정도 익힌다.
❹ 따뜻한 접시에 준비한 ②를 2스푼 놓고 그 위에 구운 안심을 놓고 위에 홍피망 천트니를 얹고 적포도주 소스를 충분히 뿌리고, 위에 성게 소스를 약간 뿌리고 허브로 가니쉬한다.

홍피망 천트니

준비재료
작은 주사위 모양으로 썬 양파, 홍피망, 사과, 월계수잎, 겨자씨,
황설탕, 레드와인 식초, 후추, 소금

만드는 방법
모든 재료를 두꺼운 냄비에 넣고 중불에서 조리한다.
국물이 완전히 졸 때까지 조리한다.

Memo

블루치즈 폴렌타, 토마토와 그린 콩을 곁들인 소고기 안심구이

재료 목록

- 소고기 안심 180g • 폴렌타 1스푼 • 고르곤졸라 치즈 30g • 야채스톡 100ml • 생크림 30ml • 그린콩 1스푼
- 토마토 1/4개 • 올리브 약간 • 다진 샬롯 약간 • 아스파라거스 1개 • 양파잼 1스푼 • 송로버섯 약간
- 레드와인 소스 2스푼 • 타임 • 소금, 후추

만드는 법

❶ 소고기 안심에 소금, 으깬 후추를 양념하여 오일을 두르고 그릴에 중간 정도 굽는다.

❷ 자루냄비에 오일을 두르고 다진 샬롯, 폴렌타를 볶다가 야채스톡, 생크림, 고르곤졸라 치즈 순으로 넣고 조리한다.

❸ 토마토는 껍질을 제거하고 작은 주사위 모양으로 자른다. 아스파라거스는 껍질을 제거하고 끓는 물에 살짝 익혀 얼음 물에 식혀둔다.

❹ 프라이팬에 오일을 두르고 그린콩, 올리브, 아스파라거스를 볶다가 주사위 모양 토마토, 소금, 후추를 넣고 볶는다.

❺ 접시 중앙에 완성된 폴렌타 한 스푼을 놓고, 위에 구운 안심 그 위에 송로버섯, 양파, 잼 한 스푼을 놓고 주위에 레드와인 소스로 마무리한다. 타임 한 잎으로 가니쉬한다.

Memo

호텔식 서양요리

부야베스 소스를 곁들인 농어찜

재료 목록

(1인분 기준)

- 샤프란 약간 • 월계수잎 2장 • 마늘 3개 • 셀러리, 당근, 감자, 휀넬, 대파, 호박, 토마토 1개 • 토마토 페이스토1스푼 • 양파 1개 • 이탈리안 파슬리, 실파 약간 • 타임, 바질 약간 • 올리브오일 • 브랜디, 페로도 와인, 화이트와인 약간
- 소금, 후추 • 생선뼈, 새우, 바닷가재 • 신선한 농어 1kg

만드는 법

❶ 셀러리, 당근, 휀넬, 양파, 마늘을 가늘게 썬다. 새우, 바닷가재는 오븐에서 굽는다.

❷ 자루냄비에 올리브오일을 두르고 가늘게 썬 야채를 볶는다. 어느 정도 볶다가 생선뼈, 새우, 바닷가재를 넣고 볶는다. 샤프란, 월계수잎, 후추, 토마토 페이스토 1스푼을 넣고 볶는다. 브랜디, 페로도 와인, 화이트와인을 넣고 졸인다. 어느 정도 졸이다가 생선스톡을 넣는다. 20분가량 끓인다.

❸ ②를 소창에 거른다. 소금, 후추로 간을 한다.

❹ 냄비에 부야베스 소스를 담고 농어를 놓고 감자, 당근, 휀넬, 대파, 호박을 주위에 놓는다. 냄비 뚜껑을 덮고 오븐에서 15~20분가량 익힌다.

❺ 완성된 생선 위에 토마토, 다진 파슬리, 실파를 얹어 제공한다.

호텔식 서양요리

모렐 수플레

재료 목록

(2인분 기준)

• 식빵 1조각 • 달걀(노른자 1개, 흰자 2개) • 우유 4스푼 • 다진 양파 1스푼 • 모렐버섯 약간
• 차이브 약간 • 넛맥 약간 • 야채 크림소스 2스푼 • 브라운 소스 1티스푼

만드는 법

❶ 식빵을 주사위 모양으로 자르고 우유를 데워서 섞는다.
❷ 모렐버섯을 잘 손질해 썰어서 다진 양파를 넣고 볶는다.
❸ ①과 ②를 혼합하면서 달걀 노른자를 섞고 달걀 흰자는 휘핑을 쳐서 혼합하면서 소금, 후추, 넛맥을 넣는다.
❹ 몰드에 버터를 바르고 담는다.
❺ 오븐 170도에 약 20분 정도 굽는다(팬에 약간의 물을 넣고 몰드를 놓는다).
❻ 수플레를 접시 중앙에 놓고 크림소스를 끼얹고 그 위에 브라운 소스를 끼얹는다.

디저트 수플레
달걀 노른자 15g, 설탕 30g, 우유 15ml, 밀가루 10g, 달걀 흰자 4개,
버터 약간, 슈가파우더 약간

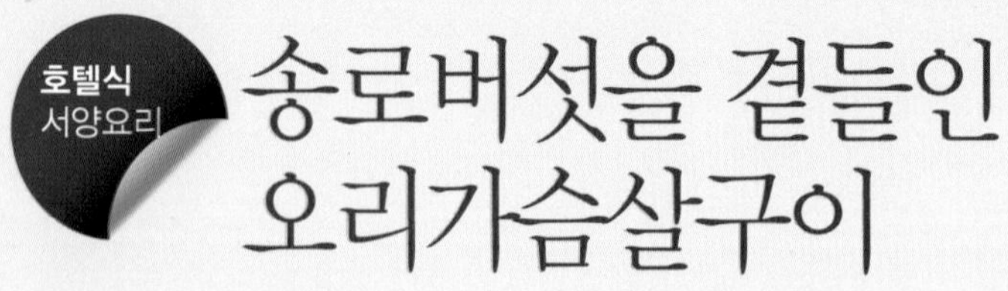

송로버섯을 곁들인 오리가슴살구이

재료 목록

• 오리가슴살 1개 • 렌틸콩 2스푼 • 양파, 토마토, 햄 약간
• 차이브 약간 • 송로버섯 약간 • 거위간 약간 • 레드와인 소스 2스푼
• 크림소스 1스푼 • 오레가노

만드는 법

❶ 오리가슴살에 칼집을 넣어 소금, 후추로 간을 해 프라이팬에 약간의 오일을 두르고 껍질 부위부터 노릇노릇하게 굽는다.
❷ 렌틸콩을 깨끗이 씻어 자루냄비에 양파, 토마토, 햄, 월계수잎, 올리브오일, 닭 육수를 같이 넣고 익힌다.
❸ 익힌 렌틸콩, 주사위 모양으로 썬 토마토, 가늘게 썬 차이브를 프라이팬에 오일을 두르고 볶는다. 소금, 후추로 간을 한다.
❹ 접시 중앙에 ③을 놓고 위에 구운 오리가슴살을 놓고 위에 가늘게 썬 송로버섯 3조각을 얹고 주위에 레드와인 소스를 뿌리고 위에 송로버섯 크림소스를 핸드믹서를 이용해 거품만 2~3방울 뿌리고 마무리한다.

Memo

엔다이브 야채를 곁들인 연어구이

재료 목록

• 연어 170g • 피망 청, 홍, 노랑 • 엔다이브 1개 • 가지, 토마토, 올리브, 케이퍼베리
• 바질 • 양파, 마늘 • 발사미코 비네거(졸인 것) • 연어알 • 올리브오일, 소금, 후추

만드는 법

❶ 연어를 잘 손질해 칼집을 넣고 오일을 바르고 소금, 후추를 한 다음 그릴에 구워 오븐에서 굽는다.
❷ 엔다이브, 피망, 호박, 가지, 토마토, 올리브를 썰어 프라이팬에 마늘, 양파를 넣고 볶는다. 소금, 후추, 바질로 간을 한 다음 마무리한다.
❸ 접시 중앙에 구운 엔다이브와 야채를 놓고 위에 오븐에서 구운 연어를 놓고 그 위에 연어알 1티스푼 정도를 얹는다. 접시 주위에 발사미코 베니거 졸인 것으로 장식한 후 마무리한다.

Memo

호텔식
서양요리

유기농 야채를 곁들인 농어와 생선 브로스

재료 목록

(1인분 기준)

• 농어 180g • 호박 1/6개 • 훼넬 1개 • 감자 1/2개 • 대파 1/2개 • 토마토 1/2개
• 샬롯 2개 • 마늘 1개 • 이탈리안 파슬리 • 올리브오일 • 생선 육수 40ml • 소금, 후추

만드는 법

❶ 농어를 잘 손질해 칼집을 넣고 소금, 후추로 간을 한 다음 팬에 올리브오일, 마늘, 로즈메리, 타임을 넣고 껍질 부위부터 노릇노릇하게 굽는다.

❷ 호박, 훼넬, 감자, 대파, 샬롯을 삼각형 모양으로 잘라 끓는 물에 데친다. 토마토도 끓는 물에 데쳐 껍질을 제거하고 삼각형 모양으로 자른다.

❸ 훼넬 1/2개를 껍질을 벗기고 가늘게 썰어 찬물에 담가둔다.

❹ 자루냄비에 올리브오일을 조금 두르고 가늘게 썬 마늘을 넣고 볶는다. 데친 야채 호박, 훼넬, 감자, 대파, 샬롯을 넣고 볶다가 생선 육수를 넣고 끓인다. 접시에 담기 전에 토마토, 가늘게 썬 이탈리안 파슬리, 소금, 후추로 간을 해 준비한다.

❺ 오목한 접시에 완성된 ④를 담고 위에 노릇노릇하게 구운 농어를 얹고 그 위에 가늘게 썬 훼넬을 놓고 타라곤으로 가니쉬한다.

Memo

호텔식 서양요리

구운 야채를 곁들인 도미구이

재료 목록

(1인분 기준)

• 도미 170g • 야채(피망, 파프리카, 가지, 붉은 양파, 호박) • 바질 약간
• 마늘, 로즈메리, 타임 약간 • 올리브오일, 소금, 후추 • 토마토 소스 2스푼
• 허브오일 1티스푼

만드는 법

❶ 도미를 잘 손질해 칼집을 넣고 소금, 후추로 간을 한 다음 팬에 올리브오일, 마늘, 로즈메리, 타임을 넣고 껍질 부위부터 노릇노릇하게 굽는다.
❷ 피망, 파프리카, 가지, 붉은 양파, 호박을 삼각형 모양으로 준비한다.
❸ 팬에 올리브오일을 두르고, 호박, 가지, 피망, 파프리카, 양파를 순서대로 볶는다.
❹ 접시 중앙에 완성된 ③을 놓고 주위에 토마토 소스, 허브오일을 뿌려 완성한다. 가니쉬로 딜(Dill)을 도미 위에 얹는다.

Part 2

양식조리 실무

• 이태리요리

시험시간
25분

이태리요리 실기시험문제

Bruschetta
브루스케타

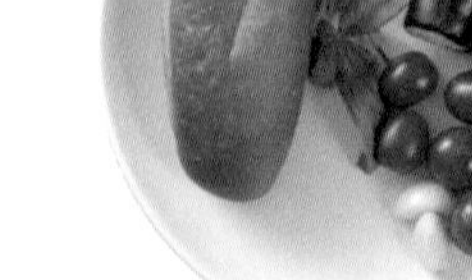

지급재료 목록

• 바게트빵 1/8개 • 엑스트라 버진 올리브오일 50g
• 마늘 3쪽 • 방울토마토 8개 • 바질 2잎
• 이태리 파슬리 4줄기 • 양파 1/6개 • 통통한 가지 1/2개
• 소금 약간 • 후추 약간

요구사항

주어진 재료를 사용하여 다음과 같이 브루스케타를 만드시오.

① 주어진 재료만을 사용하여 작품을 완성한다.
② 재료 손질은 위생적으로 해야 하며 모양과 썰기가 일정해야 한다.
③ 완성작은 가지 부르스케타 2점, 토마토 부르스케타 2점을 제출한다.

수험자 유의사항

❶ 조리작품 만드는 순서는 틀리지 않게 하여야 한다.
❷ 숙련된 기능으로 맛을 내야 하므로 조리작업 시 음식의 맛을 보지 않는다.
❸ 채점대상에서 제외되는 경우
- 시험시간 내에 과제 두 가지를 제출하지 못한 경우 : 미완성
- 시험시간 내에 제출된 과제라도 다음과 같은 경우
  • 문제의 요구사항대로 작품의 수량이 만들어지지 않은 경우 : 미완성
  • 해당 과제의 지급재료 이외의 재료를 사용한 경우 : 오작
  • 구이를 찜으로 조리하는 등과 같이 조리방법을 다르게 만든 경우 : 오작
  • 불을 사용하여 만든 조리작품이 작품특성에 벗어나는 정도로 타거나 익지 않은 경우 : 실격
  • 가스렌지 화구 2개 이상 사용한 경우 : 실격
  • 시험 중 시설·장비(칼, 가스레인지 등) 사용 시 감독위원 및 타수험자의 시험 진행에 위협이 될 것으로 감독위원 전원이 합의하여 판단한 경우 : 실격

만드는 법

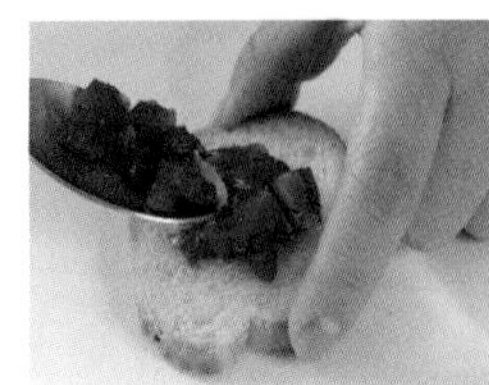

❶ 가지, 토마토, 마늘은 다져 놓고 가지는 다진 후 소금에 살짝 절여 놓는다.
❷ 바게트 빵은 두께 1cm의 크기로 썰어 그 위에 올리브오일을 살짝 바르고 팬에 구워 색이 살짝 노릇하게 앞뒤로 익힌다.
❸ 팬에 올리브오일에 가지와 마늘 다진 것을 볶고 소금과 후추로 간을 하고 바게트 빵 위에 올린다.
❹ 토마토 다진 것에 파슬리를 다져서 같이 섞고 믹싱볼에 올리브오일을 넣고 토마토, 파슬리, 마늘, 양파, 바질 다진 것을 같이 넣고 소금과 후추로 간을 하고 나머지 바게트 빵 위에 올린다. (토마토 부르스케타)
❺ 팬에 올리브오일을 살짝 두르고 다진 마늘과 양파를 조금 넣은 후 볶다가 가지를 첨가하여 살짝 익힌 다음 식혀 다진 바질을 조금 넣는다. (가지 부르스케타)
❻ 이태리 파슬리 2줄기로 가니쉬를 하고 빵을 접시에 담아낸다.

시험시간
25분

이태리요리 실기시험문제

Mozzpella In Carrozza
모짜렐라 인 카로짜

지급재료 목록

- 밀가루 20 • 식용유 250cc
- 후레쉬 토마토 ½개
- 파슬리 약간 • 물 20ml • 빵가루 20g • 올리브오일 10ml
- 식빵 2장 • 엔초비 2g • 달걀 1개 • 후레쉬 바질 약간
- 모짜렐라 치즈 30g

요구사항

주어진 재료를 사용하여 다음과 같이 모짜렐라 인 카로짜를 만드시오.

❶ 주어진 재료만을 사용하여 작품을 완성한다.
❷ 재료 손질은 위생적으로 해야 하며 모양과 썰기가 일정해야 한다.
❸ 식빵과 치즈를 동그란 몰드에 같은 크기로 찍어내거나 칼로 동그란 형태로 만든다.
❹ 치즈가 녹을 때까지 식빵을 노릇노릇하게 튀긴다.
❺ 완성된 케로짜는 소스와 같이 2개 제출한다.

수검자 유의사항

❶ 조리작품 만드는 순서는 틀리지 않게 하여야 한다.
❷ 숙련된 기능으로 맛을 내야 하므로 조리작업 시 음식의 맛을 보지 않는다.
❸ 채점대상에서 제외되는 경우
- 시험시간 내에 과제 두 가지를 제출하지 못한 경우 : 미완성
- 시험시간 내에 제출된 과제라도 다음과 같은 경우
  - 문제의 요구사항대로 작품의 수량이 만들어지지 않은 경우 : 미완성
  - 해당 과제의 지급재료 이외의 재료를 사용한 경우 : 오작
  - 구이를 찜으로 조리하는 등과 같이 조리방법을 다르게 만든 경우 : 오작
  - 불을 사용하여 만든 조리작품이 작품특성에 벗어나는 정도로 타거나 익지 않은 경우 : 실격
  - 가스렌지 화구 2개 이상 사용한 경우 : 실격
  - 시험 중 시설·장비(칼, 가스레인지 등) 사용 시 감독위원 및 타수험자의 시험 진행에 위협이 될 것으로 감독위원 전원이 합의하여 판단한 경우 : 실격

만드는 법

❶ 식빵의 모서리를 잘라준 후, 식빵을 4등분하여 동그란 형태로 만든다.
❷ 모짜렐라 치즈는 식빵보다 조금 작은 형태로 만든다.
❸ 모짜렐라 치즈를 식빵 위에 얹는다.
❹ 모짜렐라 치즈 위에 엔초비를 4등분하여 얹은 후 식빵을 덮는다.
❺ 달걀물을 만든다.
❻ 4등분한 빵 끝부분을 물, 밀가루, 달걀물, 빵가루를 순서대로 묻혀 튀길 시 치즈가 밖으로 나오지 않도록 한다.
❼ 140~150도 정도의 식용유에 노릇노릇해질 때까지 튀겨준다.
❽ 완성접시에 완성작을 올려놓고 후레쉬 토마토 소스를 완성작 옆쪽에 모양을 내어 담는다.

후레쉬 토마토 소스 만드는 법
- 팬에 올리브오일을 살짝 두른 후 적당한 온도가 되면 다진 마늘과 양파를 넣고 볶은 후 다진 토마토를 넣은 다음 소량의 바질을 넣고 소금, 후추로 간을 하여 완성한다.

시험시간 25분

이태리요리 실기시험문제

Pomarola
후레쉬 토마토 소스

지급재료 목록

- 후레쉬 토마토 80g • 방울토마토 80g
- 마늘 20g • 양파 20g • 후레쉬 바질 3장 • 올리브오일 10g
- 소금 약간 • 이탈리안 파슬리 약간
- 스톡 20ml

요구사항

주어진 재료를 사용하여 다음과 같이 후레쉬 토마토 소스를 만드시오.

① 주어진 재료만을 사용하여 작품을 완성한다.
② 재료 손질은 위생적으로 해야 하며 모양과 썰기가 일정해야 한다.
③ 소스의 색깔과 농도가 정확해야 한다.

수검자 유의사항

❶ 소스의 농도와 색깔에 유의한다.
❷ 바질을 너무 일찍 넣어서 향이 없어지지 않도록 주의한다.
❸ 조리작품 만드는 순서는 틀리지 않게 하여야 한다.
❹ 숙련된 기능으로 맛을 내야 하므로 조리작업 시 음식의 맛을 보지 않는다.
❺ 채점대상에서 제외되는 경우
 - 시험시간 내에 과제 두 가지를 제출하지 못한 경우 : 미완성
 - 시험시간 내에 제출된 과제라도 다음과 같은 경우
  • 문제의 요구사항대로 작품의 수량이 만들어지지 않은 경우 : 미완성
  • 해당 과제의 지급재료 이외의 재료를 사용한 경우 : 오작
  • 구이를 찜으로 조리하는 등과 같이 조리방법을 다르게 만든 경우 : 오작
  • 불을 사용하여 만든 조리작품이 작품특성에 벗어나는 정도로 타거나 익지 않은 경우 : 실격
  • 가스렌지 화구 2개 이상 사용한 경우 : 실격
  • 시험 중 시설·장비(칼, 가스레인지 등) 사용 시 감독위원 및 타수험자의 시험 진행에 위협이 될 것으로 감독위원 전원이 합의하여 판단한 경우 : 실격

만드는 법

① 토마토와 방울토마토는 직경 0.5×0.5cm 정도의 크기로 자른다. 마늘과 양파는 일정한 크기로 다지고 파슬리는 다져서 면보를 이용하여 물기를 제거한다.
② 프라이팬을 달군 후, 올리브오일을 두르고 다진 마늘, 양파를 넣고 약간 갈색이 될 때까지 볶은 다음 준비한 토마토를 넣어서 같이 볶아준다.
③ 스톡을 넣고 소금, 후추 간을 하여 토마토가 익고 적당한 농도가 날 때까지 끓여준다. 농도가 어느 정도 나면 마지막에 바질잎을 손으로 뜯어서 넣고 저어준다.
④ 소스 그릇에 담고 파슬리 가루를 뿌려서 완성한다.

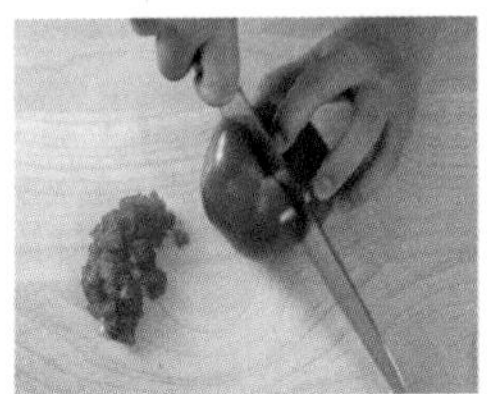

스톡
• 치킨베이스 1g, 물 20ml

시험시간 30분

이태리요리 실기시험문제

Zuppa Di Cozze 홍합 수프

지급재료 목록

- 홍합 200g • 생토마토 60g
- 올리브 오일 20g • 이태리고추 2개 • 당근 20g
- 양파 20g • 셀러리 20g • 소금 10g
- 마늘 10g • 식빵 ½장 • 이탈리안 파슬리 10g • 버터 10g
- 물 400ml • 후추 10g • 화이트와인 20ml

요구사항

주어진 재료를 사용하여 다음과 같이 홍합 수프를 만드시오.

1. 주어진 재료만을 사용하여 작품을 완성한다.
2. 재료 손질은 위생적으로 해야 하며 모양과 썰기가 일정해야 한다.
3. 양파와, 당근, 샐러리는 채 썰어서 사용한다.
4. 빵은 타원형으로 만들어서 사용한다.
5. 빵에 파슬리 가루를 뿌려서 준비한다.
6. 빵과 수프는 따로 준비하여 제출한다.
7. 수프의 스톡량은 300ml 정도 제출한다.

수검자 유의사항

1. 홍합 스톡을 낼 때, 타지 않게 주의한다.
2. 토마토 소스를 끓일 때 버터를 너무 많이 넣지 않도록 한다.
3. 빵을 구울 때 타지 않게 주의한다.
4. 조리작품 만드는 순서는 틀리지 않게 하여야 한다.
5. 숙련된 기능으로 맛을 내야 하므로 조리작업 시 음식의 맛을 보지 않는다.
6. 채점대상에서 제외되는 경우
   - 시험시간 내에 과제 두 가지를 제출하지 못한 경우 : 미완성
   - 시험시간 내에 제출된 과제라도 다음과 같은 경우
     - 문제의 요구사항대로 작품의 수량이 만들어지지 않은 경우 : 미완성
     - 해당 과제의 지급재료 이외의 재료를 사용한 경우 : 오작
     - 구이를 찜으로 조리하는 등과 같이 조리방법을 다르게 만든 경우 : 오작
     - 불을 사용하여 만든 조리작품이 작품특성에 벗어나는 정도로 타거나 익지 않은 경우 : 실격
     - 가스렌지 화구 2개 이상 사용한 경우 : 실격
     - 시험 중 시설·장비(칼, 가스레인지 등) 사용 시 감독위원 및 타수험자의 시험 진행에 위협이 될 것으로 감독위원 전원이 합의하여 판단한 경우 : 실격

만드는 법

1. 홍합을 흐르는 물에 깨끗하게 손질하여 준비해 둔다.
2. 다진 마늘과 양파, 당근, 셀러리는 채 썰어 놓는다. 토마토는 0.5×0.5cm 크기로 만들어 놓고 이탈리안 파슬리는 다져서 면보를 이용하여 물기를 제거한다.
3. 냄비를 달구어서 올리브오일을 넣고 다진 마늘과 양파, 당근, 셀러리 채 썬 것을 넣고 마늘이 연한 갈색이 나도록 볶아준다.
4. 다른 소스팬을 준비하여 준비한 홍합을 냄비에 넣고 볶아주다가 물을 넣고 홍합의 입이 벌어질 때까지 끓인다.
5. ④에 ③을 넣고 와인과 고추를 넣고 맛을 내어 간을 한다.
6. 식빵은 타원형으로 잘라 다진 파슬리를 빵에 묻혀 팬에 기름 없이 식빵을 양쪽 면이 갈색이 나도록 굽고 완성된 수프를 볼에 부어 빵을 곁들여 완성한다.

시험시간 20분

이태리요리 실기시험문제

Insalata Caprese
카프레제 샐러드

지급재료 목록

- 생 모짜렐라 1봉지(약 120g) • 생 바질 3잎
- 토마토 1개 • 엑스트라 버진 올리브오일 20g
- 이탈리아 파슬리 5g • 치커리 5g • 레드치커리 5g
- 그린비타민 5g • 소금 약간
- 후춧가루 약간

요구사항

주어진 재료를 사용하여 다음과 같이 카프레제 샐러드를 만드시오.

❶ 주어진 재료만을 사용하여 작품을 완성한다.
❷ 재료 손질은 위생적으로 해야 하며 모양과 썰기가 일정해야 한다.
❸ 토마토는 4등분한다.
❹ 생 모짜렐라 치즈는 1cm 정도의 두께로 자른다.
❺ 바질은 다진다.

수검자 유의사항

❶ 담는 모양은 맛에 조화가 잘 이루어질 수 있도록 담는다.
❷ 토마토는 과육이 완전히 익지 않도록 데쳐야 한다.
❸ 토마토는 씨와 과육이 완전히 분리되어야 한다.
❹ 조리작품 만드는 순서는 틀리지 않게 하여야 한다.
❺ 숙련된 기능으로 맛을 내야 하므로 조리작업 시 음식의 맛을 보지 않는다.
❻ 채점대상에서 제외되는 경우
- 시험시간 내에 과제 두 가지를 제출하지 못한 경우 : 미완성
- 시험시간 내에 제출된 과제라도 다음과 같은 경우
  - 문제의 요구사항대로 작품의 수량이 만들어지지 않은 경우 : 미완성
  - 해당 과제의 지급재료 이외의 재료를 사용한 경우 : 오작
  - 구이를 찜으로 조리하는 등과 같이 조리방법을 다르게 만든 경우 : 오작
  - 불을 사용하여 만든 조리작품이 작품특성에 벗어나는 정도로 타거나 익지 않은 경우 : 실격
  - 가스렌지 화구 2개 이상 사용한 경우 : 실격
  - 시험 중 시설·장비(칼, 가스레인지 등) 사용 시 감독위원 및 타수험자의 시험 진행에 위협이 될 것으로 감독위원 전원이 합의하여 판단한 경우 : 실격

만드는 법

❶ 토마토는 손질하여 밑바닥 부분에 칼집을 내어 끓는 물에 살짝 데친 후 찬물에 식히고 껍질을 벗긴다.
❷ 껍질을 벗긴 토마토는 4등분하여 씨를 제거한다.
❸ 바질은 다져서 소금과 후추, 올리브오일을 넣어 드레싱을 만든다.
❹ 생 모짜렐라 치즈는 1cm 정도의 두께로 타원형으로 썰어준다.
❺ 토마토와 생 모짜렐라 치즈를 동그랗게 돌려 담고 드레싱을 뿌려준다.
❻ 이탈리아 파슬리, 레드치커리, 그린비타민, 치커리를 부케 모양으로 만들어 가운데 놓아준다.

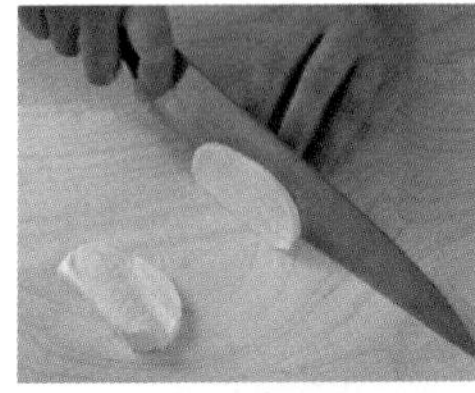

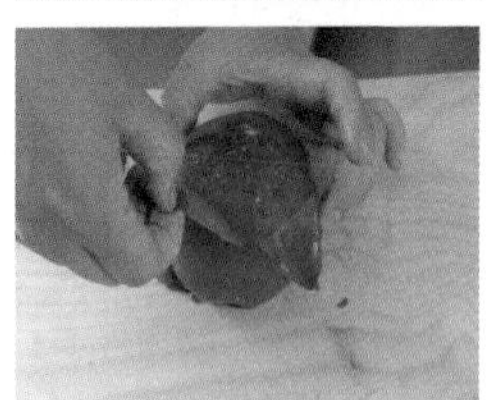

시험시간
30분

이태리요리 실기시험문제

Grigllata Di Tonno
믹스허브로 절인 참치구이

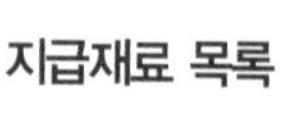

지급재료 목록

- 냉동참치 130g
- 후레시 타임 약간 • 후레시 로즈마리 약간
- 후레시 딜 약간 • 이탈리안 파슬리 약간 • 통후추 약간
- 엑스트라 버진 올리브오일 10g • 레몬 10g
- 소금 약간

요구사항

주어진 재료를 사용하여 다음과 같이 믹스허브로 절인 참치구이를 만드시오.

❶ 주어진 재료만을 사용하여 작품을 완성한다.
❷ 재료 손질은 위생적으로 해야 하며 모양과 썰기가 일정해야 한다.
❸ 구워진 참치는 1cm 정도의 두께로 썰어준다.
❹ 로즈마리와 이탈리안 파슬리로 가니쉬 해준다.

수검자 유의사항

❶ 참치가 속까지 다 익지 않아야 한다.
❷ 드레싱용과 가니쉬용을 잘 구분하여 사용한다.
❸ 조리작품 만드는 순서는 틀리지 않게 하여야 한다.
❹ 숙련된 기능으로 맛을 내야 하므로 조리작업 시 음식의 맛을 보지 않는다.
❺ 채점대상에서 제외되는 경우
- 시험시간 내에 과제 두 가지를 제출하지 못한 경우 : 미완성
- 시험시간 내에 제출된 과제라도 다음과 같은 경우
  - 문제의 요구사항대로 작품의 수량이 만들어지지 않은 경우 : 미완성
  - 해당 과제의 지급재료 이외의 재료를 사용한 경우 : 오작
  - 구이를 찜으로 조리하는 등과 같이 조리방법을 다르게 만든 경우 : 오작
  - 불을 사용하여 만든 조리작품이 작품특성에 벗어나는 정도로 타거나 익지 않은 경우 : 실격
  - 가스렌지 화구 2개 이상 사용한 경우 : 실격
  - 시험 중 시설·장비(칼, 가스레인지 등) 사용 시 감독위원 및 타수험자의 시험 진행에 위협이 될 것으로 감독위원 전원이 합의하여 판단한 경우 : 실격

만드는 법

❶ 냉동참치를 소금물에 담궈 잘 녹인 후 물기를 제거한다.
❷ 후레시 타임, 후레시 로즈마리, 후레시 딜, 이탈리안 파슬리, 통후추를 다져서 올리브 오일과 섞는다.
❸ 물기를 제거한 참치에 준비한 ②를 골고루 묻힌다.
❹ 달궈진 팬에 참치 전체를 겉표면만 익힌다.
❺ 익힌 참치를 1cm 정도의 두께로 잘라준다.
❻ 접시바닥에 후레시 로즈마리와 이탈리안 파슬리를 깔고 모양을 낸 다음 참치를 놓고 레몬즙을 뿌려낸다.

시험시간
35분

이태리요리 실기시험문제

Insalata Con Frutti Di Mare

발사믹 드레싱으로 요리한 신선한 해산물 샐러드

지급재료 목록

• 새우 2마리 • 관자 2쪽
• 오징어 20g • 홍합 5개 • 바지락 5개 • 양파 15g
• 마늘 3쪽 • 올리브오일 20g • 발사믹 비네가 10g
• 타바스코 5ml • 후레쉬 레몬 1/4쪽 • 워터그래스 5g
• 레드치커리 5g • 루꼴라 5g • 비타민 5g • 라디치오 5g
무순 5g • 토마토 $\frac{1}{4}$쪽 • 소금, 후추 약간

요구사항

주어진 재료를 사용하여 다음과 같이 발사믹 드레싱으로 요리한 신선한 해산물 샐러드를 만드시오.

❶ 주어진 재료만을 사용하여 작품을 완성한다.
❷ 재료 손질은 위생적으로 해야 하며 모양과 썰기가 일정해야 한다.
❸ 샐러드 채소는 깨끗이 손질하여 찬물에 담궈 신선도를 유지한다.
❹ 모든 해산물은 질기지 않도록 익힌다.

수검자 유의사항

❶ 조리작품 만드는 순서는 틀리지 않게 하여야 한다.
❷ 숙련된 기능으로 맛을 내야 하므로 조리작업 시 음식의 맛을 보지 않는다.
❸ 채점대상에서 제외되는 경우
- 시험시간 내에 과제 두 가지를 제출하지 못한 경우 : 미완성
- 시험시간 내에 제출된 과제라도 다음과 같은 경우
  - 문제의 요구사항대로 작품의 수량이 만들어지지 않은 경우 : 미완성
  - 해당 과제의 지급재료 이외의 재료를 사용한 경우 : 오작
  - 구이를 찜으로 조리하는 등과 같이 조리방법을 다르게 만든 경우 : 오작
  - 불을 사용하여 만든 조리작품이 작품특성에 벗어나는 정도로 타거나 익지 않은 경우 : 실격
  - 가스렌지 화구 2개 이상 사용한 경우 : 실격
  - 시험 중 시설·장비(칼, 가스레인지 등) 사용 시 감독위원 및 타수험자의 시험 진행에 위협이 될 것으로 감독위원 전원이 합의하여 판단한 경우 : 실격

만드는 법

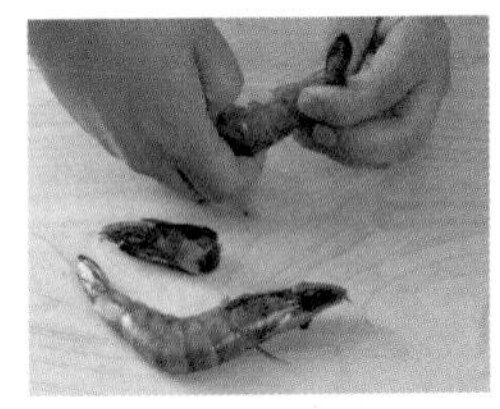

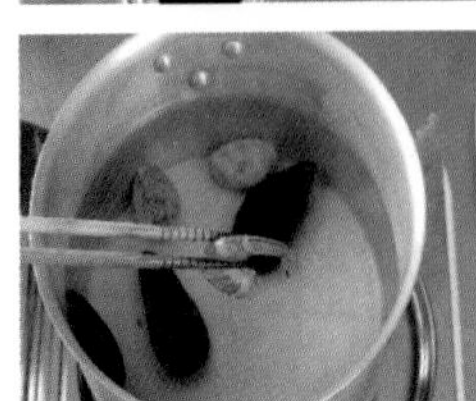

❶ 워터그래스, 레드치커리, 루꼴라, 비타민, 라디치오, 무순을 깨끗이 손질하여 찬물에 담가 놓는다.
❷ **해산물 손질하기**
새우는 껍질과 내장을 제거한다. 관자는 껍질을 제거하고 내장을 다듬어준다. 오징어는 껍질을 벗기고 4cm 정도의 길이로 잘라준다. 홍합과 바지락은 소금물에서 해감시킨다.
❸ 소스 팬에 올리브오일을 두른 다음 다진 마늘과 양파를 볶다가 홍합, 바지락, 새우, 오징어, 관자 순으로 넣는다.
❹ 화이트와인을 넣어 익을 때까지 조리하다가 발사믹 비네가, 타바스코를 넣고 소금과 후추로 간을 한다.
❺ 접시에 손질한 샐러드를 담고 그 위에 해산물을 얹은 후 토마토와 레몬을 웨지로 썬 후 장식하여 완성한다.

시험시간 **30분**

이태리요리 실기시험문제

Linguine Alle Vongole
링귀네 아레 봉골레

지급재료 목록

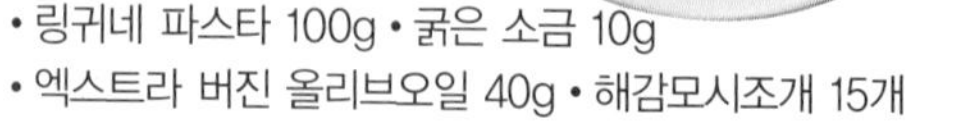

- 링귀네 파스타 100g • 굵은 소금 10g
- 엑스트라 버진 올리브오일 40g • 해감모시조개 15개
- 백포도주 50g • 마늘 3개 • 이탈리아산 홍고추 3개
- 이탈리안 파슬리 2줄기 • 검은후추 약간
- 소금 약간

요구사항

주어진 재료를 사용하여 다음과 같이 링귀네 아레 봉골레를 만드시오.

❶ 주어진 재료만을 사용하여 작품을 완성한다.
❷ 재료 손질은 위생적으로 해야 하며 모양과 썰기가 일정해야 한다.
❸ 마늘은 굵게 다져서 사용한다.
❹ 주어진 이탈리안 파슬리로 가니쉬하고, 곱게 다져 마지막 단계에 넣는다.
❺ 삶아 놓은 물 150cc는 한번에 넣지 말고, 조리 시 여러 번 나누어 넣는다.
❻ 마지막 단계에서는 올리브오일을 넣어 맛과 향을 낸다.

※ 알 단테 – 끓는 물에 면을 넣어 4~5분 정도 익힌 상태

수검자 유의사항

❶ 해산물이나 조개 파스타는 해산물 특유의 짠맛이 있으므로 소금 간에 유의한다.
❷ 바지락은 모래가 나오지 않도록 익혀질 때 유의하여야 한다.
❸ 면은 적당히 삶아야 한다.
❹ 면을 삶을 시 소금을 넣어 간을 하여야 한다.
❺ 조리작품 만드는 순서는 틀리지 않게 하여야 한다.
❻ 숙련된 기능으로 맛을 내야 하므로 조리작업 시 음식의 맛을 보지 않는다.
❼ 채점대상에서 제외되는 경우
 – 시험시간 내에 과제 두 가지를 제출하지 못한 경우 : 미완성
 – 시험시간 내에 제출된 과제라도 다음과 같은 경우
  • 문제의 요구사항대로 작품의 수량이 만들어지지 않은 경우 : 미완성
  • 해당 과제의 지급재료 이외의 재료를 사용한 경우 : 오작
  • 구이를 찜으로 조리하는 등과 같이 조리방법을 다르게 만든 경우 : 오작
  • 불을 사용하여 만든 조리작품이 작품특성에 벗어나는 정도로 타거나 익지 않은 경우 : 실격
  • 가스렌지 화구 2개 이상 사용한 경우 : 실격
  • 시험 중 시설·장비(칼, 가스레인지 등) 사용 시 감독위원 및 타수험자의 시험 진행에 위협이 될 것으로 감독위원 전원이 합의하여 판단한 경우 : 실격

만드는 법

❶ 물 200cc에 해감모시조개 1/2을 넣고 입이 벌어질 때까지 익혀 분리하여 봉골레 스톡을 만든다.
❷ 다른 팬에 링귀네 파스타는 소금을 넣어 적당히 간을 한 다음 알 단테로 삶는다.
❸ 팬에 올리브오일을 두르고 다져놓은 마늘을 넣어 익히며 마늘이 노릇노릇해질 때까지 익힌 다음 남은 모시조개를 넣고 삶은 파스타 면을 넣으면서 볶는다.
❹ 봉골레 스톡을 넣고 볶으면서 두 차례 스톡과 와인을 부으면서 면을 볶아준다.
❺ 잘 버무려 준 후 마지막 단계에서 올리브오일을 넣고 고추와 파슬리 다진 것을 넣어 맛과 향을 내어 준다.
❻ 완성된 요리를 접시 중앙에 담고 파슬리로 장식하여 낸다.

시험시간 30분

이태리요리 실기시험문제

Spghetti Alla Carbonara

스파게티 카르보나라

지급재료 목록

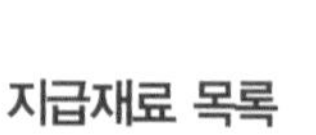

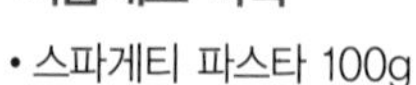

- 스파게티 파스타 100g
- 굵은 소금 10g
- 엑스트라 버진 올리브오일 40g • 달걀 노른자 1/2개
- 파마산 치즈 10g • 통후추 약간 • 베이컨 25g
- 버터 5g • 이탈리안 파슬리
- 우유 120cc • 크림 100cc

요구사항

주어진 재료를 사용하여 다음과 같이 스파게티 카르보나라를 만드시오.

❶ 주어진 재료만을 사용하여 작품을 완성한다.
❷ 재료 손질은 위생적으로 해야 하며 모양과 썰기가 일정해야 한다.
❸ 노른자 1개, 우유 120cc, 크림 100cc를 섞어 살짝 끓여 주어야 한다.
❹ 주어진 이탈리안 파슬리로 가니쉬하고, 곱게 다져 마지막 단계에 넣는다.
❺ 베이컨은 1cm 잘라야 한다.

※ 알 단테 – 끓는 물에 면을 넣어 4~5분 정도 익힌 상태

수검자 유의사항

❶ 베이컨은 구울 때 타지 않도록 불조절에 유의하고 기름을 바싹 빼준다.
❷ 달걀, 우유, 크림이 면의 흡착이 잘되도록 잘 섞어준다.
❸ 면은 적당히 삶아야 한다.
❹ 면을 삶을 시 소금을 넣어 간을 하여야 한다.
❺ 조리작품 만드는 순서는 틀리지 않게 하여야 한다.
❻ 숙련된 기능으로 맛을 내야 하므로 조리작업 시 음식의 맛을 보지 않는다.
❼ 채점대상에서 제외되는 경우
- 시험시간 내에 과제 두 가지를 제출하지 못한 경우 : 미완성
- 시험시간 내에 제출된 과제라도 다음과 같은 경우
  • 문제의 요구사항대로 작품의 수량이 만들어지지 않은 경우 : 미완성
  • 해당 과제의 지급재료 이외의 재료를 사용한 경우 : 오작
  • 구이를 찜으로 조리하는 등과 같이 조리방법을 다르게 만든 경우 : 오작
  • 불을 사용하여 만든 조리작품이 작품특성에 벗어나는 정도로 타거나 익지 않은 경우 : 실격
  • 가스렌지 화구 2개 이상 사용한 경우 : 실격
  • 시험 중 시설·장비(칼, 가스레인지 등) 사용 시 감독위원 및 타수험자의 시험 진행에 위협이 될 것으로 감독위원 전원이 합의하여 판단한 경우 : 실격

만드는 법

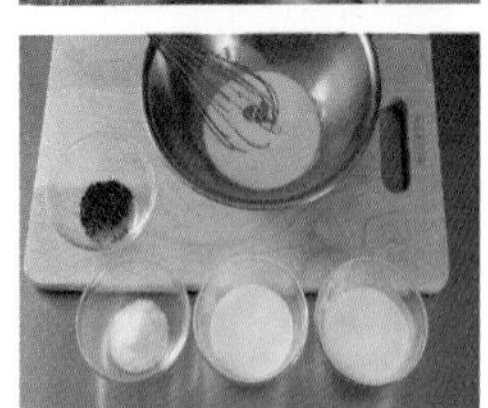

❶ 베이컨은 1cm로 자른 후 팬에 바삭하게 구워준 다음 기름기를 뺀다. 통후추는 크러쉬한다.
❷ 파슬리는 곱게 다져준다.
❸ 파스타는 소금을 넣어 적당히 간을 한 다음 알 단테로 삶는다.
❹ 볼에 노른자 1/2개, 우유 120cc, 크림 100cc를 섞어 잘 휘저어 카르보나라 소스를 만든다.
❺ 팬에 ④를 넣고 조금 졸아들면 삶은 면을 넣어 익힌다.
❻ 걸쭉해질 때쯤 파마산 치즈, 파슬리 다진 것, 베이컨, 버터, 소금, 후추를 넣고 간을 한다.
❼ 완성된 요리를 접시 중앙에 담고 파슬리로 가니쉬한다.

시험시간
40분

이태리요리 실기시험문제

Minestrone Con Verdure
미네스트로네 콘 베르두레

지급재료 목록

- 홀토마토 1/2개
- 잘익은 토마토 1/2개
- 짧은 파스타(마카로니류) 5g
- 양배추잎 10g • 삶은콩 10g • 치킨스톡 200ml • 감자 1/4개 • 월계수잎 1개
- 소금과 후추 약간 • 파마산 치즈가루 5g • 서양대파 2g • 후레쉬 바질 1개

치킨스톡 • 물 300cc + 치킨베이스 2g

요구사항

주어진 재료를 사용하여 다음과 같이 미네스트로네 콘 베르두레를 만드시오.

❶ 주어진 재료만을 사용하여 작품을 완성한다.
❷ 재료 손질은 위생적으로 해야 하며 모양과 썰기가 일정해야 한다.
❸ 마늘, 양파, 양송이는 다진다.
❹ 셀러리, 당근, 홀토마토, 콩까세 토마토, 감자, 양배추는 1cm 주사위 모양으로 썬다.
❺ 팬네는 꼭 잘라주어야 한다.
❻ 미니제노베제(수프 가니쉬)는 완성작품에 꼭 올려야 한다.

수검자 유의사항

❶ 완성하여 접시에 담아내는 양은 200ml 정도되어야 한다.
❷ 감자가 잘 익어야 한다.
❸ 조리작품 만드는 순서는 틀리지 않게 하여야 한다.
❹ 숙련된 기능으로 맛을 내야 하므로 조리작업 시 음식의 맛을 보지 않는다.
❺ 채점대상에서 제외되는 경우
- 시험시간 내에 과제 두 가지를 제출하지 못한 경우 : 미완성
- 시험시간 내에 제출된 과제라도 다음과 같은 경우
  - 문제의 요구사항대로 작품의 수량이 만들어지지 않은 경우 : 미완성
  - 해당 과제의 지급재료 이외의 재료를 사용한 경우 : 오작
  - 구이를 찜으로 조리하는 등과 같이 조리방법을 다르게 만든 경우 : 오작
  - 불을 사용하여 만든 조리작품이 작품특성에 벗어나는 정도로 타거나 익지 않은 경우 : 실격
  - 가스렌지 화구 2개 이상 사용한 경우 : 실격
  - 시험 중 시설·장비(칼, 가스레인지 등) 사용 시 감독위원 및 타수험자의 시험 진행에 위협이 될 것으로 감독위원 전원이 합의하여 판단한 경우 : 실격

만드는 법

❶ 마늘, 양파, 양송이는 다지고, 모든 채소는 1cm 크기 주사위 모양으로 잘라준다.
❷ 홀토마토, 생토마토는 1cm 크기 주사위 모양으로 썰어준다.
❸ 파스타는 6분 정도 삶아 야채 정도의 크기로 썰어 준비한다.
❹ 다진 후레쉬 바질, 올리브오일, 파마산 치즈를 섞어 미니제노베제 소스(가니쉬용)를 만들어준다.
❺ 팬에 오일과 버터를 두르고 마늘, 양파를 볶은 후 잘 익지 않는 야채 순서로 넣어가면서 은근한 불에서 계속 볶는다.
❻ 치킨스톡과 월계수잎을 넣어 중불에 충분히 내용물을 익힌 다음 소금과 후추로 간을 하고 파스타를 넣고 미니제노베제로 가니쉬를 한 다음 완성한다.

시험시간
30분

이태리요리 실기시험문제

Spaghetti Ai frutti Di Mare
토마토 해산물 스파게티

지급재료 목록

- 스파게티 면 100g
- 바질 약간 • 바지락 15g
- 오징어 15g • 새우 1마리 • 관자 1개 • 홍합 20g • 토마토 소스 120g
- 올리브오일 약간 • 마늘 10g • 양파 20g • 소금 약간 • 후추 약간
- 백포도주 약간 • 이탈리안 파슬리 1줄기

요구사항

주어진 재료를 사용하여 다음과 같이 토마토 해산물 스파게티를 만드시오.

❶ 주어진 재료만을 사용하여 작품을 완성한다.
❷ 재료 손질은 위생적으로 해야 하며 모양과 썰기가 일정해야 한다.
❸ 해산물 손질 시 새우 내장, 홍합 털, 오징어 껍질, 관자 손질을 철저히 한다.
❹ 해산물이 완전히 익도록 한다. 잘 익지 않는 순서대로 넣는다.
❺ 면은 적당히 삶아야 한다.
❻ 면을 삶을 시 소금을 넣어 간을 하여야 한다.

※ 알 단테 – 끓는 물에 면을 넣어 4~5분 정도 익힌 상태

수검자 유의사항

❶ 조리작품 만드는 순서는 틀리지 않게 하여야 한다.
❷ 숙련된 기능으로 맛을 내야 하므로 조리작업 시 음식의 맛을 보지 않는다.
❸ 채점대상에서 제외되는 경우
- 시험시간 내에 과제 두 가지를 제출하지 못한 경우 : 미완성
- 시험시간 내에 제출된 과제라도 다음과 같은 경우
  - 문제의 요구사항대로 작품의 수량이 만들어지지 않은 경우 : 미완성
  - 해당 과제의 지급재료 이외의 재료를 사용한 경우 : 오작
  - 구이를 찜으로 조리하는 등과 같이 조리방법을 다르게 만든 경우 : 오작
  - 불을 사용하여 만든 조리작품이 작품특성에 벗어나는 정도로 타거나 익지 않은 경우 : 실격
  - 가스렌지 화구 2개 이상 사용한 경우 : 실격
  - 시험 중 시설·장비(칼, 가스레인지 등) 사용 시 감독위원 및 타수험자의 시험 진행에 위협이 될 것으로 감독위원 전원이 합의하여 판단한 경우 : 실격

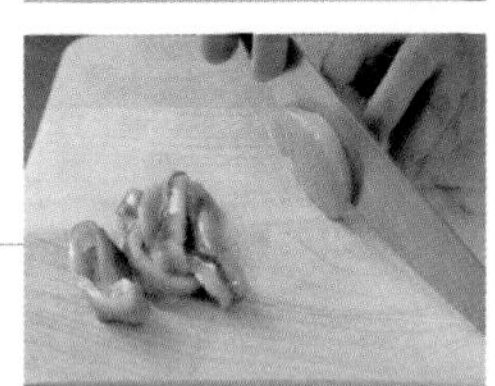

만드는 법

❶ 해산물을 위생적으로 손질하여 그릇에 담아둔다.
❷ 다른 팬에 올리브오일을 두르고 다진 마늘과 양파를 넣고 볶은 뒤 바지락, 홍합, 오징어, 새우, 관자 순으로 넣고 볶아준다. (잘 익지 않는 순서대로 넣어 익혀준다.)
❸ 팬에 해산물이 적당히 익힌 후 백포도주를 넣고 살짝 볶은 뒤 토마토 소스를 넣고 면을 넣어 소금, 후추로 간을 한다.
❹ 후레쉬 바질, 올리브오일, 이탈리안 파슬리로 장식을 한 후 완성한다.

스파게티 면 삶는 법

❶ 물 1L에 소금 30g(약간 간간한 정도의 간) 넣고 반드시 끓는 물에 면의 두께에 따라서 7분에서 10분 정도 삶는다.
❷ 스파게티 면을 다 삶은 다음 넓은 바닥에 펼쳐 빨리 식힌다.
❸ 스파게티 면이 덜익은 상태가 반드시 유지되어야만 2차 쿠킹 소스와 조리 시 나머지 부분이 익는다.

시험시간
35분

이태리요리 실기시험문제

Penne Alla Bolognese Sauce
팬네 볼로네제 소스

지급재료 목록

- 소고기 60g • 닭고기 30g
- 양파 20g • 마늘 4쪽 • 셀러리 5g
- 캔토마토 3개 • 당근 5g • 버터 10g • 펜네 면 90g
- 올리브오일 20g • 치킨스톡 150cc • 파마산 치즈(갈은 것) 30g
- 월계수잎 1잎 • 드라이 로즈마리 1g • 드라이 오레가노 1g • 이탈리안 파슬리
- 소금 약간 • 후추 약간 • 레드와인 약간

요구사항

주어진 재료를 사용하여 다음과 같이 팬네 볼로네제 소스를 만드시오.

1. 주어진 재료만을 사용하여 작품을 완성한다.
2. 재료 손질은 위생적으로 해야 하며 모양과 썰기가 일정해야 한다.
3. 양파와 마늘은 다지고 셀러리, 당근은 0.2cm, 소고기와 닭고기는 0.5cm로 다지시오.
4. 가니쉬는 이탈리안 파슬리를 사용하시오.
5. 펜네 면은 너무 삶아 퍼지지 않도록 하시오.
6. 볼로네제 소스(미트소스)의 농도가 적당해야 한다.

수검자 유의사항

1. 소스의 농도에 유의한다.
2. 조리작품 만드는 순서는 틀리지 않게 하여야 한다.
3. 숙련된 기능으로 맛을 내야 하므로 조리작업 시 음식의 맛을 보지 않는다.
4. 채점대상에서 제외되는 경우
   - 시험시간 내에 과제 두 가지를 제출하지 못한 경우 : 미완성
   - 시험시간 내에 제출된 과제라도 다음과 같은 경우
   - 문제의 요구사항대로 작품의 수량이 만들어지지 않은 경우 : 미완성
   - 해당 과제의 지급재료 이외의 재료를 사용한 경우 : 오작
   - 구이를 찜으로 조리하는 등과 같이 조리방법을 다르게 만든 경우 : 오작
   - 불을 사용하여 만든 조리작품이 작품특성에 벗어나는 정도로 타거나 익지 않은 경우 : 실격
   - 가스렌지 화구 2개 이상 사용한 경우 : 실격
   - 시험 중 시설·장비(칼, 가스레인지 등) 사용 시 감독위원 및 타수험자의 시험 진행에 위협이 될 것으로 감독위원 전원이 합의하여 판단한 경우 : 실격

만드는 법

1. 소스팬에 다진 양파와 마늘 1/4을 넣고 볶은 다음 준비한 야채를 잘 익지 않는 순서대로 넣어 볶은 다음 소고기와 닭고기를 넣어 볶은 후 다진 캔 토마토와 월계수잎, 치킨스톡, 드라이 로즈마리와 드라이 오레가노를 넣고 소금과 후추로 간을 한 후 은근한 불에 졸여 소스를 만든다(볼로네제 소스).
2. 끓는 물에 펜네 면을 삶는다.
3. 소스팬에 나머지 다진 양파와 마늘을 넣고 ①을 넣은 다음 펜네 면을 넣고 약간의 스톡과 올리브오일을 넣어 볶은 다음 파마산 치즈가루, 이탈리안 파슬리를 넣고 완성한다.

시험시간 45분

이태리요리 실기시험문제

Gnocchi Di Patate
감자 뇨끼에 크림 고르곤졸라 소스

지급재료 목록

- 감자 80g • 밀가루 80g
- 파마산 치즈 80g • 달걀 노른자 1개
- 고르곤졸라 치즈 20g • 생크림 100cc
- 이탈리안 파슬리 1 줄기 • 버터 20g
- 올리브오일 약간 • 소금 약간 • 후추 약간

요구사항

주어진 재료를 사용하여 다음과 같이 감자 뇨끼에 크림 고르곤졸라 소스를 만드시오.

❶ 주어진 재료만을 사용하여 작품을 완성한다.
❷ 재료 손질은 위생적으로 해야 하며 모양과 썰기가 일정해야 한다.
❸ 감자, 밀가루, 파마산 치즈의 양을 1:1:1로 한다.
❹ 고르곤졸라 치즈는 완벽하게 녹여서 사용한다.
❺ 뇨끼의 모양이 일정하도록 한다.

수검자 유의사항

❶ 감자를 설익히거나 너무 많이 익히지 않도록 주의한다.
❷ 뜨거운 감자를 바로 식혀 반죽을 할 때 밀가루가 익지 않도록 한다.
❸ 생크림은 금방 졸여지므로 적당한 농도로 만든다.
❹ 고르곤졸라 치즈의 염도가 있으므로 간을 할 때 주의한다.
❺ 조리작품 만드는 순서는 틀리지 않게 하여야 한다.
❻ 숙련된 기능으로 맛을 내야 하므로 조리작업 시 음식의 맛을 보지 않는다.
❼ 채점대상에서 제외되는 경우
- 시험시간 내에 과제 두 가지를 제출하지 못한 경우 : 미완성
- 시험시간 내에 제출된 과제라도 다음과 같은 경우
  • 문제의 요구사항대로 작품의 수량이 만들어지지 않은 경우 : 미완성
  • 해당 과제의 지급재료 이외의 재료를 사용한 경우 : 오작
  • 구이를 찜으로 조리하는 등과 같이 조리방법을 다르게 만든 경우 : 오작
  • 불을 사용하여 만든 조리작품이 작품특성에 벗어나는 정도로 타거나 익지 않은 경우 : 실격
  • 가스렌지 화구 2개 이상 사용한 경우 : 실격
  • 시험 중 시설·장비(칼, 가스레인지 등) 사용 시 감독위원 및 타수험자의 시험 진행에 위협이 될 것으로 감독위원 전원이 합의하여 판단한 경우 : 실격

만드는 법

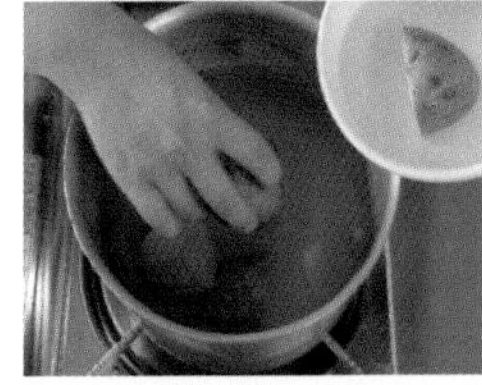

❶ 냄비에 물을 준비하여 소금을 넣고 끓인 후, 감자를 1/4, 1/8 정도로 자른 후, 잘 씻은 감자를 껍질 채 물에 넣고 감자를 완벽히 익힌다. 이탈리안 파슬리는 다져서 초록색의 물을 빼고 준비한다.
❷ 잘 익은 감자를 껍질을 벗긴 후 수분이 증발할 수 있도록 식힌 다음 어느 정도 식은 감자를 볼에 넣고 으깨준다. 밀가루를 체쳐서 넣고 파마산 치즈가루와 달걀 노른자를 섞고 소금, 후추로 간을 한다.

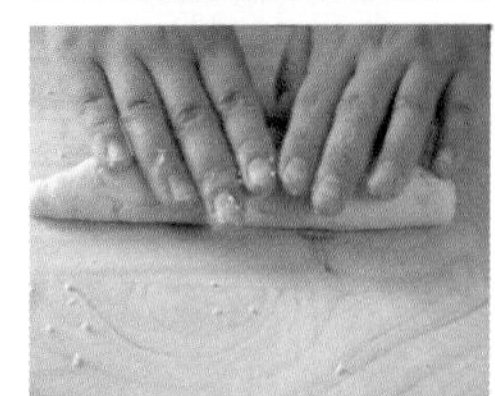

❸ 준비된 재료를 부서지지 않게 반죽을 하여 지름 1.5cm 정도로 길게 떡가래처럼 만들어서 잘 굴린 후 1.5cm 크기로 잘라준다. 잘라준 후에는 서로 붙지 않게 밀가루를 뿌려준다.
❹ 냄비에 물을 넣고 소금을 넣어 끓인다.
❺ 만들어진 뇨끼를 넣고 뇨끼가 다 익어 떠오르면, 건져서 찬물에 식혀 체에 받쳐 여분의 물기를 빼준다.

❻ 프라이팬에 생크림과 고르곤졸라 치즈를 넣고 치즈가 녹으면 준비된 뇨끼를 넣고 소금, 후추를 넣어 농도를 조절해 완성해 준다.
❼ 스파게티 그릇에 완성품을 담고 파슬리 가루와 파마산 치즈가루를 뿌려서 완성한다.

시험시간
40분

이태리요리 실기시험문제

Risotto Al Funghi
버섯을 넣은 리조토

지급재료 목록

- 생크림 30g • 양파 20g • 표고버섯 10g
- 치킨스톡 250ml • 버터(무염) 10g
- 파마산 치즈 20g • 올리브오일 20ml • 이탈리안 파슬리 1줄기 • 마늘 2쪽
- 소금 약간 • 후추 약간 • 불린 쌀 100g

치킨스톡

- 물 300cc + 치킨베이스 2g

요구사항
주어진 재료를 사용하여 다음과 같이 버섯을 넣은 리조토를 만드시오.

❶ 주어진 재료만을 사용하여 작품을 완성한다.
❷ 재료 손질은 위생적으로 해야 하며 모양과 썰기가 일정해야 한다.
❸ 쌀이 적당하게 익어야 한다.
❹ 쌀이 익되 스티치 성분이 많이 풀리면 안 된다.
❺ 완성된 작품의 농도가 묽지 않도록 한다.

수검자 유의사항
❶ 조리작품 만드는 순서는 틀리지 않게 하여야 한다.
❷ 숙련된 기능으로 맛을 내야 하므로 조리작업 시 음식의 맛을 보지 않는다.
❸ 채점대상에서 제외되는 경우
 – 시험시간 내에 과제 두 가지를 제출하지 못한 경우 : 미완성
 – 시험시간 내에 제출된 과제라도 다음과 같은 경우
  • 문제의 요구사항대로 작품의 수량이 만들어지지 않은 경우 : 미완성
  • 해당 과제의 지급재료 이외의 재료를 사용한 경우 : 오작
  • 구이를 찜으로 조리하는 등과 같이 조리방법을 다르게 만든 경우 : 오작
  • 불을 사용하여 만든 조리작품이 작품특성에 벗어나는 정도로 타거나 익지 않은 경우 : 실격
  • 가스렌지 화구 2개 이상 사용한 경우 : 실격
  • 시험 중 시설·장비(칼, 가스레인지 등) 사용 시 감독위원 및 타수험자의 시험 진행에 위협이 될 것으로 감독위원 전원이 합의하여 판단한 경우 : 실격

만드는 법

❶ 표고버섯은 슬라이스하고 양송이 버섯은 다진다.
❷ 프라이팬에 올리브오일을 두른 후 다진 양파, 마늘을 노릇노릇할 때까지 볶다가 손질한 표고버섯 1/2과 쌀을 넣고 볶는다.
❸ 볶아진 쌀에 치킨스톡을 조금씩 넣고 조리면서 스톡을 조금씩 반복해서 넣고 볶는다.
❹ 15분쯤 후에는 리조토가 거의 완성단계에 이르면 나머지 표고버섯과 생크림, 버터를 넣어 농도를 조절한다.
❺ 파마산 치즈와 다진 파슬리, 양송이버섯을 넣고 소금, 후추로 간을 하고 잘 저어준다.
❻ 완성접시에 리조토를 얹고 파마산 치즈를 뿌린 다음 바질로 가니쉬한 후 완성한다.

시험시간
30분

이태리요리 실기시험문제

Petto Di Pollo Alla Crema Di Pepperoni Rossi
닭 가슴살 구이에 피망 크림 소스

지급재료 목록

- 닭 가슴살 140g • 이탈리안 파슬리 약간
- 소금, 후추 약간 • 굵은 소금 약간 • 페투치네 40g
- 치킨스톡 30g • 마늘 2쪽 • 백포도주 약간
- 토마토 콩까세 20g • 다진 마늘 5g • 다진 양파 10g
- 레드파프리카 $\frac{1}{2}$개 • 버터 5g • 후레시 바질 1줄기
- 이탈리안 파슬리 1줄기

요구사항

주어진 재료를 사용하여 다음과 같이 닭 가슴살 구이에 피망 크림 소스를 만드시오.

❶ 주어진 재료만을 사용하여 작품을 완성한다.
❷ 재료 손질은 위생적으로 해야 하며 모양과 썰기가 일정해야 한다.
❸ 페투치네를 삶을 때 굵은 소금을 넣어 4분 정도 삶는다.

수검자 유의사항

❶ 조리작품 만드는 순서는 틀리지 않게 하여야 한다.
❷ 숙련된 기능으로 맛을 내야 하므로 조리작업 시 음식의 맛을 보지 않는다.
❸ 채점대상에서 제외되는 경우

- 시험시간 내에 과제 두 가지를 제출하지 못한 경우 : 미완성
- 시험시간 내에 제출된 과제라도 다음과 같은 경우
  - 문제의 요구사항대로 작품의 수량이 만들어지지 않은 경우 : 미완성
  - 해당 과제의 지급재료 이외의 재료를 사용한 경우 : 오작
  - 구이를 찜으로 조리하는 등과 같이 조리방법을 다르게 만든 경우 : 오작
  - 불을 사용하여 만든 조리작품이 작품특성에 벗어나는 정도로 타거나 익지 않은 경우 : 실격
  - 가스렌지 화구 2개 이상 사용한 경우 : 실격
  - 시험 중 시설·장비(칼, 가스레인지 등) 사용 시 감독위원 및 타수험자의 시험 진행에 위협이 될 것으로 감독위원 전원이 합의하여 판단한 경우 : 실격

만드는 법

❶ 닭 가슴살만 발라내어 소금, 후추로 간을 하고 적당히 두드려 밀가루를 묻혀 팬에 올리브오일을 두르고 닭 가슴살이 익을 때쯤 버터를 넣어 옅은 색깔을 낸 다음 180℃ 오븐에서 완전히 익힌다.
❷ 파프리카는 직화로 구워 껍질을 제거하고 곱게 다진다.
팬에 올리브오일과 버터를 넣고 마늘과 양파 다진 것을 볶다가 껍질을 제거한 파프리카를 넣어 생크림을 넣고 조려 파프리카가 뭉글해지면 체로 내려 소스를 만든다.

구운 핑크 파프리카 소스 만드는 법

❶ 올리브오일을 두른 팬에 슬라이스한 마늘을 갈색이 나도록 볶다가 삶은 페투치네 파스타를 넣고 스톡을 조금 넣으면서 페투치네 면을 완성하여 그릇에 담은 다음 토마토 콩까세로 가니쉬한다.
❷ 다른 팬에 ②의 소스를 넣고 닭 가슴살과 함께 소스와 익힌 다음 ③의 여백에 소스와 닭고기를 얹고 바질과 이탈리안 파슬리로 가니쉬한다.

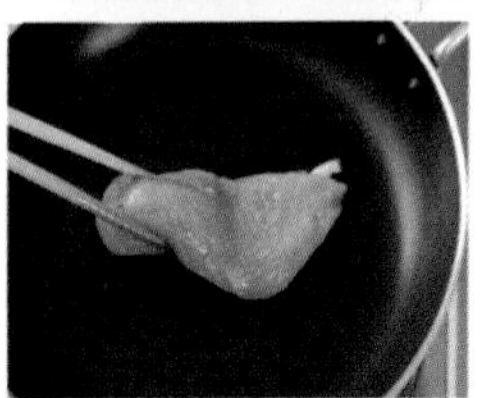

시험시간 40분

이태리요리 실기시험문제

Costolette D'agnello Alla Milanese 밀라노식 양갈비 커틀릿

지급재료 목록

- 양갈비 2쪽 • 마늘 10g • 양파 20g
- 빵가루 50g • 밀가루 10g • 후레쉬 로즈마리 10g
- 시금치 50g • 방울토마토 20g
- 감자 100g • 버터 30g • 달걀 1개
- 파마산 치즈 10g • 올리브오일 30ml
- 이탈리안 파슬리 10g • 생크림 30ml
- 넛맥 2g • 소금, 후추 약간

요구사항

주어진 재료를 사용하여 다음과 같이 밀라노식 양갈비 커틀릿을 만드시오.

❶ 주어진 재료만을 사용하여 작품을 완성한다.
❷ 재료 손질은 위생적으로 해야 하며 모양과 썰기가 일정해야 한다.
❸ 양갈비의 속을 완전히 익힌다.
❹ 매쉬 포테이토를 만들어서 사용한다.
❺ 시금치를 볶을 때 방울토마토도 같이 넣어 색을 낸다.

수검자 유의사항

❶ 양갈비를 트리밍할 때 손이 다치지 않게 조심한다.
❷ 메쉬 포테이토를 만들 때 농도를 주의한다.
❸ 처음에 양갈비를 구울 때, 버터를 같이 넣고 굽게 되면 속은 익지 않고 색이 먼저 나므로 탈 수 있으므로 주의한다.
❹ 조리작품 만드는 순서는 틀리지 않게 하여야 한다.
❺ 숙련된 기능으로 맛을 내야 하므로 조리작업 시 음식의 맛을 보지 않는다.
❻ 채점대상에서 제외되는 경우
- 시험시간 내에 과제 두 가지를 제출하지 못한 경우 : 미완성
- 시험시간 내에 제출된 과제라도 다음과 같은 경우
  - 문제의 요구사항대로 작품의 수량이 만들어지지 않은 경우 : 미완성
  - 해당 과제의 지급재료 이외의 재료를 사용한 경우 : 오작
  - 구이를 찜으로 조리하는 등과 같이 조리방법을 다르게 만든 경우 : 오작
  - 불을 사용하여 만든 조리작품이 작품특성에 벗어나는 정도로 타거나 익지 않은 경우 : 실격
  - 가스렌지 화구 2개 이상 사용한 경우 : 실격
  - 시험 중 시설·장비(칼, 가스레인지 등) 사용 시 감독위원 및 타수험자의 시험 진행에 위협이 될 것으로 감독위원 전원이 합의하여 판단한 경우 : 실격

만드는 법

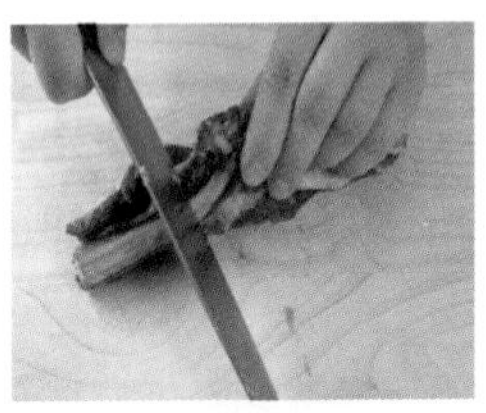

❶ 냄비에 물을 끓여 감자를 껍질을 벗기지 않고 $\frac{1}{4}$이나 $\frac{1}{8}$등분하여 삶은 후 껍질을 제거한 다음 다른 팬에 감자를 넣고 소금, 후추로 간을 하여 넛맥과 생크림, 버터를 넣고 메쉬 포테이토를 만든다. (매쉬 포테이토 만드는 법)
❷ 다른 소스팬에 물을 넣어 끓인 다음 토마토를 넣어 살짝 익혀 껍질을 벗겨 토마토 콩까세를 만든다.
❸ 방울토마토는 4등분, 마늘과 양파를 다지고 로즈마리와 파슬리는 다져서 준비해 둔다.
❹ 양갈비는 트리밍한 후 소금, 후추로 간을 하여 준비하고, 빵가루에 파슬리 로즈마리, 다진 마늘, 파마산 치즈가루를 넣어 섞어서 준비한 다음 에그워시한 볼에 양갈비에 빵가루를 입혀 준비한다.
❺ 시금치는 깨끗이 씻어서 뿌리 부분을 잘라내고 수분을 제거한 다음 팬에 올리브오일을 두른 후 다진 마늘과 양파를 넣고 볶다가 시금치를 넣고 살짝 볶은 다음, 방울토마토를 넣고 볶다가 소금, 후추로 간을 한다.
❻ 팬을 달군 후, 올리브오일을 두르고 양갈비를 익힌다. 마지막에 색을 내기 위해 버터를 넣고 구워준다.
❼ 접시에 양갈비 커틀릿을 올리고 위에 시금치와 토마토를 볶은 것을 가니쉬하고 매쉬 포테이토를 짜서 모양을 내어 가니쉬한다.

시험시간
35분

이태리요리 실기시험문제

Filetto Di Manzo
레드와인 소스를 곁들인 소 안심 스테이크

지급재료 목록

- 소고기 안심 150g • 그린파프리카 15g
- 레드파프리카 15g • 옐로파프리카 15g • 양파 10g
- 마늘 2쪽 • 알감자 2개 • 소금, 후추 약간 • 레드와인(마살라와인 또는 포트와인)
- 버터 10g • 이탈리안 파슬리 1줄기 • 설탕 약간 • 후레쉬 로즈마리 2줄기
- 통후추 약간 • 올리브오일 20g • 데미글라스 소스 10g

요구사항

주어진 재료를 사용하여 다음과 같이 레드와인 소스를 곁들인 소 안심 스테이크를 만드시오.

❶ 주어진 재료만을 사용하여 작품을 완성한다.
❷ 재료 손질은 위생적으로 해야 하며 모양과 썰기가 일정해야 한다.
❸ 고기는 저열로 색깔을 내면서 미디엄으로 익힌다.
❹ 소스는 단맛이 나는 적당한 농도가 되어야 한다.

수검자 유의사항

❶ 조리작품 만드는 순서는 틀리지 않게 하여야 한다.
❷ 숙련된 기능으로 맛을 내야 하므로 조리작업 시 음식의 맛을 보지 않는다.
❸ 채점대상에서 제외되는 경우
- 시험시간 내에 과제 두 가지를 제출하지 못한 경우 : 미완성
- 시험시간 내에 제출된 과제라도 다음과 같은 경우
  - 문제의 요구사항대로 작품의 수량이 만들어지지 않은 경우 : 미완성
  - 해당 과제의 지급재료 이외의 재료를 사용한 경우 : 오작
  - 구이를 찜으로 조리하는 등과 같이 조리방법을 다르게 만든 경우 : 오작
  - 불을 사용하여 만든 조리작품이 작품특성에 벗어나는 정도로 타거나 익지 않은 경우 : 실격
  - 가스렌지 화구 2개 이상 사용한 경우 : 실격
  - 시험 중 시설·장비(칼, 가스레인지 등) 사용 시 감독위원 및 타수험자의 시험 진행에 위협이 될 것으로 감독위원 전원이 합의하여 판단한 경우 : 실격

만드는 법

❶ 소스팬에 올리브오일을 두른 다음 다진 양파, 마늘을 볶다가 로즈마리를 넣고 레드와인과 버터, 설탕을 조금 넣은 다음 데미글라스를 넣고 졸이면서 소금과 후추를 넣고 소스를 완성한다.
❷ 손질한 안심을 소금, 통후추를 으깨어 표면에 발라 밀가루를 묻힌다.
❸ 프라이팬에 올리브오일을 두른 다음 안심의 표면이 갈색이 될 때까지 서서히 익힌다.
❹ 올리브오일에 4등분한 감자와 통마늘이 익을 때쯤 로즈마리를 넣고 살짝 볶아서 가니쉬로 준비한다.
❺ 피망을 직화열에 구운 뒤 찬물에 식혀 껍질을 제거한 뒤, 올리브오일에 피망을 팬에 살짝 구워 소금, 후추로 간해준다.
❻ 준비한 메인 접시에 소스를 깔고 야채로 가니쉬를 한 후 그 위에 스테이크를 올려 통마늘과 로즈마리를 올려 모양을 낸 다음 나머지 소스를 뿌려주고, 이탈리안 파슬리와 로즈마리로 가니쉬한다.

시험시간
35분

이태리요리 실기시험문제

Pizza Margherita
마르게리따 피자

지급재료 목록

- 강력분 120g • 물 45cc
- 버터 5g • 올리브오일 5g
- 소금, 후추 약간 • 설탕 5g • 홀토마토 4쪽 • 양파 10g
- 마늘 5g • 잘게 자른 모짜렐라 치즈 50g • 파마산 치즈 20g
- 오레가노 1g • 후레시 바질 약간

요구사항

주어진 재료를 사용하여 다음과 같이 마르게리따 피자를 만드시오.

❶ 주어진 재료만을 사용하여 작품을 완성한다.
❷ 재료 손질은 위생적으로 해야 하며 모양과 썰기가 일정해야 한다.
❸ 홀토마토는 물기를 완전히 제거한다.
❹ 도우가 질어지지 않도록 유의한다.
❺ 도우의 두께가 두껍지 않도록 유의한다.
❻ 토핑의 양에 유의한다.
❼ 지름은 23cm 정도로 도우를 만든다.

수검자 유의사항

❶ 소스는 오래 볶지 않는다.
❷ 조리작품 만드는 순서는 틀리지 않게 하여야 한다.
❸ 숙련된 기능으로 맛을 내야 하므로 조리작업 시 음식의 맛을 보지 않는다.
❹ 채점대상에서 제외되는 경우
- 시험시간 내에 과제 두 가지를 제출하지 못한 경우 : 미완성
- 시험시간 내에 제출된 과제라도 다음과 같은 경우
  - 문제의 요구사항대로 작품의 수량이 만들어지지 않은 경우 : 미완성
  - 해당 과제의 지급재료 이외의 재료를 사용한 경우 : 오작
  - 구이를 찜으로 조리하는 등과 같이 조리방법을 다르게 만든 경우 : 오작
  - 불을 사용하여 만든 조리작품이 작품특성에 벗어나는 정도로 타거나 익지 않은 경우 : 실격
  - 가스렌지 화구 2개 이상 사용한 경우 : 실격
  - 시험 중 시설·장비(칼, 가스레인지 등) 사용 시 감독위원 및 타수험자의 시험 진행에 위협이 될 것으로 감독위원 전원이 합의하여 판단한 경우 : 실격

만드는 법

❶ 믹싱볼에 강력분 밀가루를 체에 거르고 물, 버터, 올리브 오일, 소금, 후추, 드라이 이스트, 설탕을 넣고 잘 휘저어 반죽을 한다.
❷ 반죽을 둥글게 성형한 다음 비닐봉지에 넣어 약 10~15분 정도 미지근한 온도에 발효시킨다.
❸ 마늘과 양파를 다져서 오일 팬에 볶다가 다진 토마토를 넣은 다음 소금, 후추로 간을 하여 올리브오일, 오레가노를 넣고 조려서 피자 소스를 완성한다.
❹ 발효시킨 반죽을 둥글게 피자모양으로 밀가루를 발라가면서 모양을 내어 피자팬에 넣고 포크로 도우에 구멍을 내고 토핑소스를 고루 펼쳐서 바른 다음 모짜렐라 치즈와 파마산 치즈를 올리고 180도 예열된 오븐에서 12분 정도 구운 다음 완성된 피자를 그릇에 담고 후레시 바질을 올려서 완성한다.

시험시간 35분

이태리요리 실기시험문제

Dentice al Cartoccio
도미 카르토치오

지급재료 목록

- 엑스트라 버진 올리브오일 40g
- 도미살 130g • 소금, 후추 약간 • 통마늘 2개
- 링으로 자른 양파 $\frac{1}{2}$개 • 백포도주 10g • 링으로 자른 토마토 $\frac{1}{2}$개
- 바질 1줄기 • 검은올리브 3알 • 케이퍼 5알 • 드라이 오레가노 약간
- 쿠킹호일 70cm

요구사항

주어진 재료를 사용하여 다음과 같이 도미 카르토치오를 만드시오.

❶ 주어진 재료만을 사용하여 작품을 완성한다.
❷ 재료 손질은 위생적으로 해야 하며 모양과 썰기가 일정해야 한다.
❸ 호일을 접을 때 바람이 새어나가지 않도록 호일주머니를 잘 만들어야 한다.

수검자 유의사항

❶ 조리작품 만드는 순서는 틀리지 않게 하여야 한다.
❷ 숙련된 기능으로 맛을 내야 하므로 조리작업 시 음식의 맛을 보지 않는다.
❸ 채점대상에서 제외되는 경우
 – 시험시간 내에 과제 두 가지를 제출하지 못한 경우 : 미완성
 – 시험시간 내에 제출된 과제라도 다음과 같은 경우
 • 문제의 요구사항대로 작품의 수량이 만들어지지 않은 경우 : 미완성
 • 해당 과제의 지급재료 이외의 재료를 사용한 경우 : 오작
 • 구이를 찜으로 조리하는 등과 같이 조리방법을 다르게 만든 경우 : 오작
 • 불을 사용하여 만든 조리작품이 작품특성에 벗어나는 정도로 타거나 익지 않은 경우 : 실격
 • 가스렌지 화구 2개 이상 사용한 경우 : 실격
 • 시험 중 시설·장비(칼, 가스레인지 등) 사용 시 감독위원 및 타수험자의 시험 진행에 위협이 될 것으로 감독위원 전원이 합의하여 판단한 경우 : 실격

만드는 법

❶ 토마토와 양파는 두께 1cm가 되도록 썰어 3쪽씩 준비하고 팬에 올리브오일을 두르고 살짝만 굽는다.
❷ 도미는 2등분하여 소금과 후추로 간을 하고, 팬에 올리브오일과 버터를 넣고, 도미를 색깔이 나도록 살짝 굽는다.
❸ 쿠킹호일을 반을 접었다가 펴서 한쪽 면에 올리브오일을 뿌리고, 그 위에 양파를 깔고 양파 위에 도미를 얹어 다진 오레가노와 백포도주를 뿌리고 그 위에 토마토를 얹는다. 케이퍼와 검은올리브, 바질을 같이 놓고 반대쪽 호일을 덮는다. (호일주머니 만드는 방법)
❹ 호일의 가장자리를 접어서 공기가 새어나가지 않도록 빵빵하게 접어주고 오븐에 넣고 180℃에서 7분 정도 굽는다.
❺ 호일에 싼 채로 메인 접시에 담아낸다.

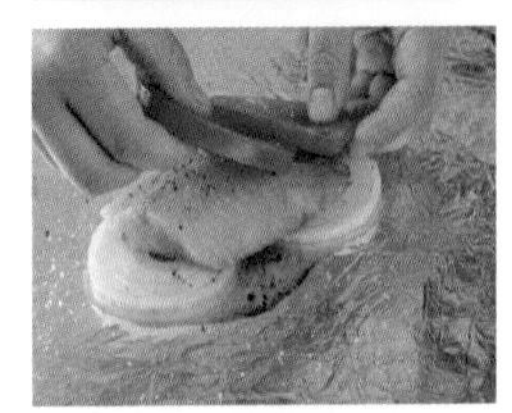

시험시간
45분

이태리요리 실기시험문제

Panna Cotta
판나코타

지급재료 목록

• 생크림 75g • 우유 50g
• 설탕 10g • 판 젤라틴 2장
• 캐러멜 시럽(설탕 50g, 물 25g) • 바닐라에센스 1g
• 후레쉬 민트 • 종이컵 3개

요구사항

주어진 재료를 사용하여 다음과 같이 판나코타를 만드시오.

❶ 주어진 재료만을 사용하여 작품을 완성한다.
❷ 재료 손질은 위생적으로 해야 하며 모양과 썰기가 일정해야 한다.
❸ 모양은 가장 좋은 것으로 한 개 제출한다.
❹ 반드시 나무주걱으로 젓는다.

수검자 유의사항

❶ 캐러멜 시럽은 절대 태워서는 안되며 적당한 색을 요구한다.
❷ 우유와 생크림은 설탕과 젤라틴이 녹을 정도로만 데운다.
❸ 틀에서 빼낼 때 모양을 망가뜨리지 않는다.
❹ 틀 바깥을 온도가 높은 물에 담그면 녹아 내리므로 온도에 유의한다.
❺ 찬물 또는 얼음물에 식힌 후 냉장고에 넣어 굳힌다(15~20분 정도).
❻ 조리작품 만드는 순서는 틀리지 않게 하여야 한다.
❼ 숙련된 기능으로 맛을 내야 하므로 조리작업 시 음식의 맛을 보지 않는다.
❽ 채점대상에서 제외되는 경우
 – 시험시간 내에 과제 두 가지를 제출하지 못한 경우 : 미완성
 – 시험시간 내에 제출된 과제라도 다음과 같은 경우
 • 문제의 요구사항대로 작품의 수량이 만들어지지 않은 경우 : 미완성
 • 해당 과제의 지급재료 이외의 재료를 사용한 경우 : 오작
 • 구이를 찜으로 조리하는 등과 같이 조리방법을 다르게 만든 경우 : 오작
 • 불을 사용하여 만든 조리작품이 작품특성에 벗어나는 정도로 타거나 익지 않은 경우 : 실격
 • 가스렌지 화구 2개 이상 사용한 경우 : 실격
 • 시험 중 시설·장비(칼, 가스레인지 등) 사용 시 감독위원 및 타수험자의 시험 진행에 위협이 될 것으로 감독위원 전원이 합의하여 판단한 경우 : 실격

만드는 법

❶ 판 젤라틴은 찬물에 불려 물기를 꼭 짜둔다.
❷ 팬에 설탕을 넣고 녹이며 캐러멜 색이 나기 시작하면 끓는 물을 조금씩 넣으며 농도를 맞춘다. 1/2 정도는 준비된 종이컵 바닥에 넣고 살짝 굳힌다.

판나코타 만들기

❶ 우유와 생크림, 설탕을 데우다 불린 젤라틴을 넣고 녹인다. 시럽을 넣은 종이컵에 붓고 찬물 또는 얼음물에 식힌 후 냉장고에서 15~20분 정도 굳힌다.
❷ 남은 캐러멜 시럽은 제출할 그릇 바닥에 모양내어 준비한다.
❸ 종이컵 바깥을 미지근한 물에 살짝 담가 녹인 후 종이컵을 뒤집어 내용물을 꺼내 접시에 담아 완성하고 후레쉬 민트로 가니쉬한다.

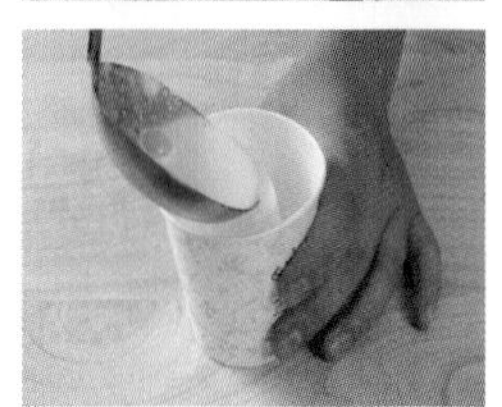

시험시간 30분

이태리요리 실기시험문제

Amaretti
아마렛띠

지급재료 목록

- 아몬드가루 60g
- 분설탕A 50g
- 흰자 20g
- 분설탕B 30g
- 아마레토 시럽 소량

요구사항

주어진 재료를 사용하여 다음과 같이 아마렛띠를 만드시오.

❶ 주어진 재료만을 사용하여 작품을 완성한다.
❷ 재료 손질은 위생적으로 해야 하며 모양과 썰기가 일정해야 한다.

수검자 유의사항

❶ 약간 진 반죽이므로 손으로 치대지 말고 주걱을 이용한다.
❷ 손에 분설탕을 묻혀 달라붙지 않게 가볍게 성형한다.
❸ 너무 오래 구우면 딱딱해지므로 알맞게 구워야 한다.
❹ 완성량은 6개를 제출한다.
❺ 조리작품 만드는 순서는 틀리지 않게 하여야 한다.
❻ 숙련된 기능으로 맛을 내야 하므로 조리작업 시 음식의 맛을 보지 않는다.
❼ 채점대상에서 제외되는 경우
- 시험시간 내에 과제 두 가지를 제출하지 못한 경우 : 미완성
- 시험시간 내에 제출된 과제라도 다음과 같은 경우
  - 문제의 요구사항대로 작품의 수량이 만들어지지 않은 경우 : 미완성
  - 해당 과제의 지급재료 이외의 재료를 사용한 경우 : 오작
  - 구이를 찜으로 조리하는 등과 같이 조리방법을 다르게 만든 경우 : 오작
  - 불을 사용하여 만든 조리작품이 작품특성에 벗어나는 정도로 타거나 익지 않은 경우 : 실격
  - 가스렌지 화구 2개 이상 사용한 경우 : 실격
  - 시험 중 시설·장비(칼, 가스레인지 등) 사용 시 감독위원 및 타수험자의 시험 진행에 위협이 될 것으로 감독위원 전원이 합의하여 판단한 경우 : 실격

만드는 법

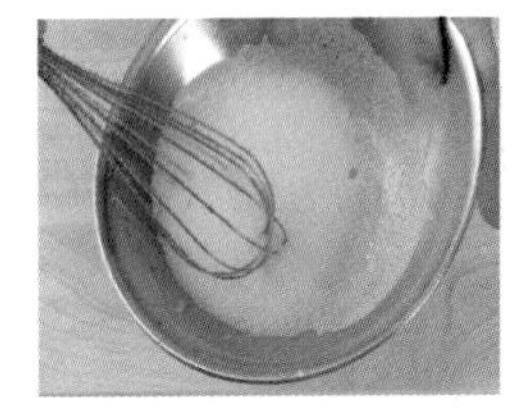

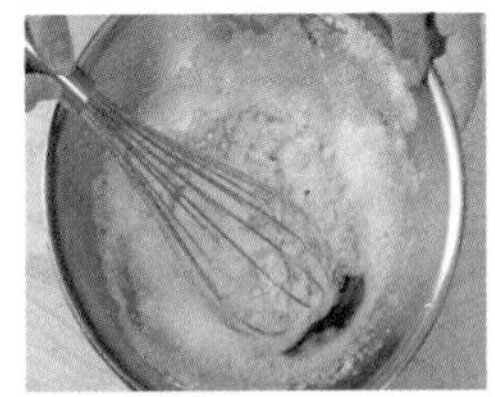

❶ 아몬드가루와 분설탕A의 반을 섞어둔다. 다른 볼에는 분설탕B를 넣어둔다.
❷ 깨끗한 볼에 흰자를 넣고 휘핑하다가 분설탕A의 절반 정도를 나누어가며 넣고 휘핑한다. 여기에 아몬드가루와 나머지 분설탕A 섞어둔 것을 넣고 아마레토 시럽을 소량 넣은 다음 가볍게 섞는다. 이것을 총 6등분한다. 손에 분설탕B를 묻혀가며 조금씩 떼어 분설탕B에 묻혀 오븐팬에 놓고 자연스럽게 손가락으로 살짝 눌러 우물정자 모양을 낸다.
❸ 170℃ 오븐에서 10분 정도 표면이 살짝 갈라지게 굽는다.
❹ 다 식으면 접시에 담고 슈가파우더를 살짝 뿌려준다.

저자와의
합의하에
인지첩부
생략

NCS 양식조리기능사 & 이태리요리전문가

2013년 1월 20일 초 판 1쇄 발행
2018년 7월 15일 개정2판 1쇄 발행

지은이 (사)한국식음료외식조리교육협회
펴낸이 진욱상
펴낸곳 백산출판사
교 정 편집부
본문디자인 오정은
표지디자인 오정은

등 록 1974년 1월 9일 제406-1974-000001호
주 소 경기도 파주시 회동길 370(백산빌딩 3층)
전 화 02-914-1621(代)
팩 스 031-955-9911
이메일 edit@ibaeksan.kr
홈페이지 www.ibaeksan.kr

ISBN 978-89-6183-650-0
값 20,000원